职业教育工业机器人技术应用专业规划教材

工业机器人操作与编程技术
（FANUC）

主编　张爱红
参编　商　进　李成春　钱玉剑　陈星星
　　　黄学刚　廖强永　张振宇

机械工业出版社

本书以销量世界领先的 FANUC（发那科）工业机器人为例，介绍了工业机器人的系统组成、坐标系设置、输入/输出信号的分类与控制、常用功能设定与调校、在线示教编程方法、应用 ROBOGUIDE 软件的虚拟仿真建模及虚拟示教编程等内容。全书融理论讲解与实际操作于一体，内容翔实、图文并茂。

本书可作为高等职业院校工业机器人技术、机电一体化技术、电气自动化技术及相关专业的教材，也可作为相关企业的培训用书，或者供从事工业机器人系统开发等的工程技术人员参考。

为方便教学，本书配有电子课件等教学资源，选择本书作为教材的教师可来电（010-88379195）索取，或登录 www.cmpedu.com 网站，注册，免费下载。

图书在版编目（CIP）数据

工业机器人操作与编程技术：FANUC/张爱红主编. —北京：机械工业出版社，2017.8（2019.7 重印）

职业教育工业机器人技术应用专业规划教材

ISBN 978-7-111-57569-6

Ⅰ.①工… Ⅱ.①张… Ⅲ.①工业机器人-操作-职业教育-教材②工业机器人-程序设计-职业教育-教材 Ⅳ.①TP242.2

中国版本图书馆 CIP 数据核字（2017）第 182181 号

机械工业出版社（北京市百万庄大街 22 号 邮政编码 100037）

策划编辑：柳 瑛 责任编辑：张晓媛 责任校对：郑 婕

封面设计：马精明 责任印制：邰 敏

涿州市星河印刷有限公司印刷

2019 年 7 月第 1 版第 4 次印刷

184mm×260mm·12.5 印张·307 千字

3 901—5 800 册

标准书号：ISBN 978-7-111-57569-6

定价：34.00 元

前　言

目前中国制造正面临着向高端转变，承接国际先进制造、参与国际分工的巨大挑战，而工业机器人技术正是我国由制造大国向制造强国转变的主要手段与途径。与此同时，人力成本的逐年上升，也将刺激制造业对机器人的需求，因此"机器换人"已是大势所趋。在作为中国先进制造业代表的江苏、上海、广东等地，这一趋势尤为明显。

本书着重介绍世界销量领先的FANUC（发那科）工业机器人的操作与编程方法。通过本书的学习，使学生具备FANUC工业机器人的操作、编程、应用与维护等能力，同时为提高学生的全面素质、提升综合职业能力打下基础。

本书内容符合学生的认知规律，体现了能力递进的特点，适合不同基础与层次的学生学习。本书以FANUC工业机器人为例，介绍了工业机器人的系统组成、坐标系设置、输入/输出信号分类与控制、常用功能设定与零位调校、在线示教编程方法等内容，最后还介绍了FANUC工业机器人的虚拟仿真软件（ROBOGUIDE）的使用方法，全书内容翔实、图文并茂。

本书由无锡职业技术学院张爱红教授任主编并统稿，商进、李成春、钱玉剑、陈星星、黄学刚、廖强永、张振宇参编。全书编写过程中参考了有关文献资料，编者在此深表谢意。由于编者水平有限，书中难免有错漏之处，恳请广大读者批评指正。

编　者

目　录

第一章 机器人系统组成

第一节 机器人本体

一、机器人本体组成

一般工业机器人本体基本结构主要由机身、臂部（分为上下臂或大小臂）、腕部所组成。图1-1为FANUC六自由度关节机器人的基本构成。其中两个基座主要起支撑作用，连接机身与底座的腰关节J1可产生回转运动，机身与大臂构成肩关节J2以驱动大臂的俯仰运动，大小机臂之间构成肘关节J3以驱动小臂的俯仰。J4、J5、J6三个关节分别驱动手臂的横摆，手腕的俯仰与回转。六个关节的运动均由交流伺服电动机驱动，以实现大惯量负载运行控制和精确定位的要求。另外可根据实际作业的需要在机器人法兰盘上安装末端执行器，包括气动手爪、焊枪、真空吸盘等。

二、机器人关节轴

1. 机器人关节轴方向

机器人六个关节轴可以分别控制，其正负方向的定义如图1-2所示。

2. 关节轴极限

在机器人关节轴上分别设有原点和可动范围，控制轴到达可动范围的极限称为超程（OT）。通常情况下，机器人运行时都不会超出可动范围，除非出现伺服系统异常或系统出错而导致原点位置的丢失。为了确保机器人运行可靠，对可动范围的限制可采用机械式的制动器。

图1-3为J1轴的可动范围，其中图1-3a未选择机械式制动器，可动范围在−180°~180°；图1-3b中J1轴选择了机械式制动器，运行范围在−170°~170°或−172°~172°。

三、机器人作业范围

作业范围是机器人运动时手臂末端或手腕中心所能到达的所有点的集合，又称工作区域。由于末端执行器的形状与尺寸多样，为真实反映机器人的特征参数，一般机器人作业范围是指不安装末端执行器时的工作区域。

机器人作业范围的形状、大小很重要，如果机器人执行作业时存在不能到达的任务范围，说明机器人的选型或安装存在问题。图1-4为FANUC M-10i机器人的工作范围［J5轴的旋转中心（P点）能够到达的范围］。

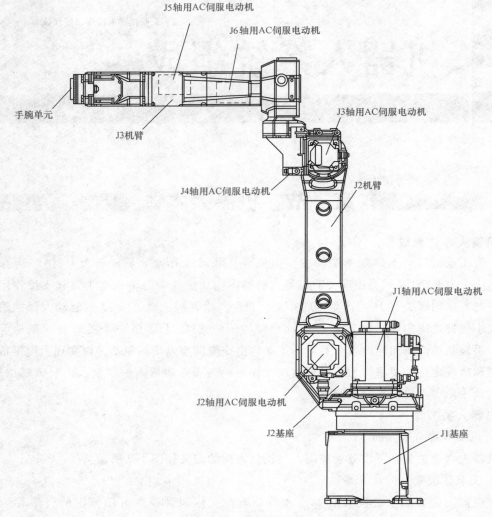

图 1-1　机器人的基本构成

四、末端执行器

　　机器人的手部也称为末端执行器，它是装在工业机器人手腕上直接抓握工件或执行作业的部件。对于整个机器人来说手部是完成作业好坏、作业柔性优劣的关键部件之一。图 1-5、图 1-6 分别为有指型与吸盘式无指型机械手。除此外末端执行器还可以是进行专业作业的工具，例如装在机器人手腕上的焊接工具（图 1-7）、喷漆枪等。

五、M-10iA 机器人技术参数

　　FANUC M-10iA 工业机器人的技术参数见表 1-1。

六、机械手腕负载条件

　　FANUC 机器人在使用时，负载应满足负载线图所示范围。M-10iA 机器人的机械手腕部允许负载线图如图 1-8 所示。使用时应同时符合机械手腕允许力矩、机械手腕允许惯量等要求，相关机械手腕允许力矩、机械手腕允许惯量要求详见表 1-1。

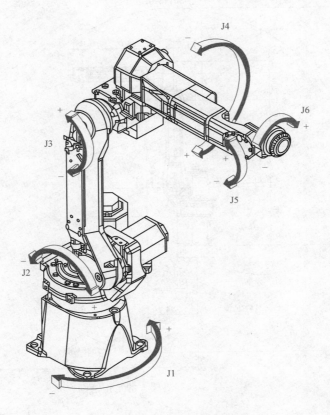

图 1-2 关节轴正负方向的定义

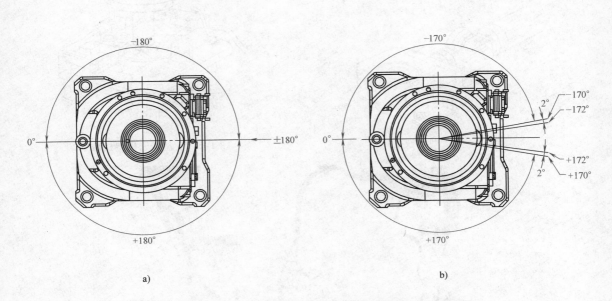

a)   b)

图 1-3 机器人 J1 轴的可动范围

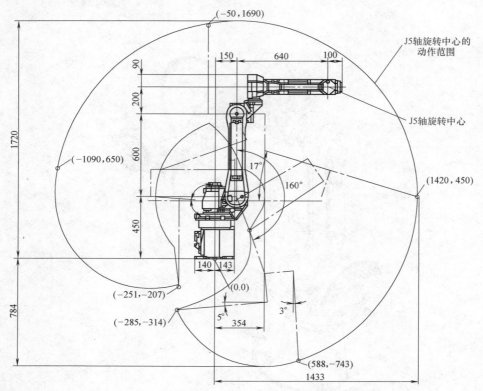

图 1-4　M-10i 机器人的工作范围

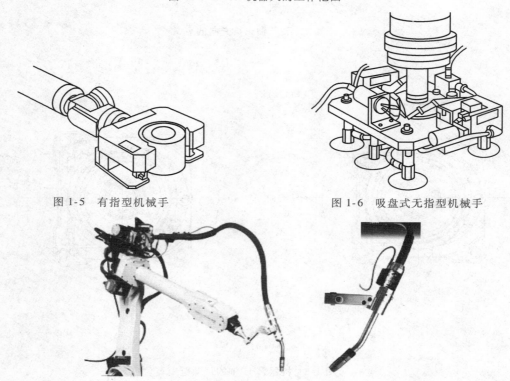

图 1-5　有指型机械手　　　　　　图 1-6　吸盘式无指型机械手

图 1-7　机器人焊接工具（焊枪）

表 1-1　M-10iA 工业机器人的技术参数

项　目		规　格
动作形态		垂直多关节型
控制轴数		J1、J2、J3、J4、J5、J6 共 6 轴
最大动作范围	J1 轴	−180°~180°
	J2 轴	−90°~160°
	J3 轴	−180°~264.5°
	J4 轴	−190°~190°
	J5 轴	−140°~140°（电缆内置 J3 机臂型）
	J6 轴	−270°~270°（电缆内置 J3 机臂型）
最大动作速度	J1 轴	210°/s
	J2 轴	190°/s
	J3 轴	210°/s
	J4 轴	400°/s
	J5 轴	400°/s
	J6 轴	600°/s
机械手腕部允许负载力矩	J4 轴	15.7N·m
	J5 轴	9.8N·m
	J6 轴	5.9N·m
机械手腕部允许负载惯量	J4 轴	0.63kg·m²
	J5 轴	0.22kg·m²
	J6 轴	0.061kg·m²
安装条件	环境温度	0~45℃
	环境湿度	通常 75% RH 以下
	允许高度	海拔 1000m 以下
	振动加速度	4.9m/s² 以下
	其他	不应有腐蚀性气体，噪声在 70dB（A）以下
驱动方式		基于交流伺服电动机的电气伺服驱动
负载能力		6kg
重复定位精度		±0.08mm
机器人本体质量		130kg

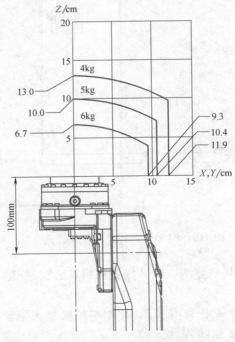

图 1-8　M-10iA 机器人的机械手腕部允许负载线图

第二节　机器人控制系统

　　工业机器人控制系统是机器人的重要组成部分。FANUC机器人控制系统主要分为硬件和软件两部分。硬件部分即控制装置，主要由电源装置、用户接口电路、运动控制电路、存储电路、I/O电路等构成。运动控制电路通过主CPU印制电路板控制包含附加轴在内的所有轴的伺服放大器，以实现对关节伺服电动机的运行控制；存储电路可将用户设定的程序和数据存储在主CPU印制电路板上的CMOS RAM内；I/O电路通过I/O模块接收或发送信号实现与外围设备的信息交互，遥控I/O信号用于与遥控装置间的通信。用户在进行控制装置的操作时，一般使用示教操作盘（又称示教盒）和操作面板。图1-9为FANUC机器人的控制装置外形图。图1-10为R-30iA Mate控制器的电气连接方框图。

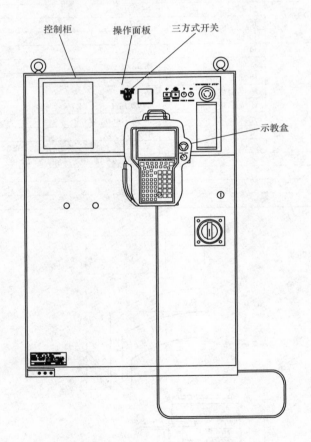

图1-9　FANUC机器人的控制装置外形

　　软件主要指机器人轨迹规划算法、关节位置控制算法程序以及系统的管理、运行与监控等功能的实现。

　　R-30iA Mate机器人系统采用32位CPU控制实现机器人运动插补、坐标变换运算；采用64位数字伺服单元，同步控制六轴运动。主板、I/O印制电路板（处理I/O）、急停单元、电源单元、后面板、示教盒、六轴伺服放大器、操作面板、变压器等构成了控制系统的基本单元，如图 1-10 所示。

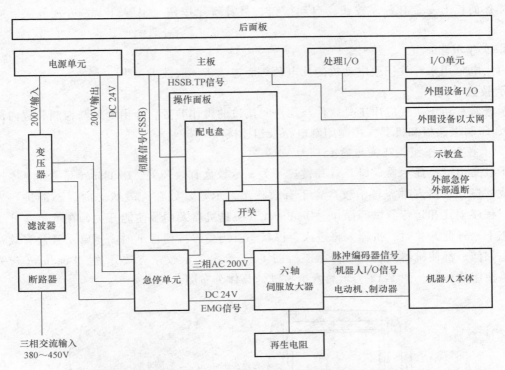

图 1-10　R-30iA Mate 控制器的电气连接方框图

一、控制单元的功能

1. 主板与 I/O 印制电路板

主板上安装有微处理器、存储器以及操作面板控制的电路。此外，主板还进行伺服系统的位置控制。I/O 印制电路板分为处理 I/O 板与 I/O 单元，处理 I/O 板与 I/O 单元间采用 FANUC I/O LINK 连接。

2. 急停单元

急停板、MCC 单元用来对急停系统、伺服放大器的电磁接触器等进行控制。

3. 电源单元

电源单元用来将交流电转换为各类直流电。

4. 后面板

后面板用来安装各类控制板的底板，其中电源单元（PSU）、主板与处理 I/O 板均安装在后面板上。

5. 示教盒

机器人 JOG 进给，用户作业程序创建、程序测试执行、操作执行和状态确认等，都通过示教盒进行操作。示教盒上的液晶屏用于控制装置状态与数据的显示。

6. 伺服放大器

伺服放大器进行伺服电动机的控制、脉冲编码器信号的接收、电动机制动器控制、超程以及机械手断裂等方面的控制。

7. 操作面板

操作面板上安装有急停按钮、启动按钮、报警解除按钮、报警灯、三方式开关、断路器等。

8. 再生电阻

再生电阻用来释放伺服电动机的反电动势而连接于伺服放大器上。

二、示教盒

示教盒是用于实现应用工具软件与用户间接口的操作装置，经由电缆与控制装置内部的主 CPU 印制电路板和机器人控制印制电路板相连接。

1. 示教盒上按钮、开关与显示 LED

示教盒由液晶显示器、LED 灯和键控开关、示教盒有效开关、Deadman 开关和急停按钮等组成。操作机器人时需将示教盒置于有效状态，示教盒处在无效状态时，不能进行 JOG 进给、程序创建和运行测试等操作。Deadman 开关是机器人伺服使能开关，在示教盒处于有效状态下松开此开关时，机器人将进入急停状态。当急停按钮按下时，不管示教盒有效开关的状态如何，都使机器人进入急停状态。图 1-11 给出了示教盒有效开关、Deadman 开关以及急停按钮的位置。图 1-12 为示教盒上按键的具体分布图。

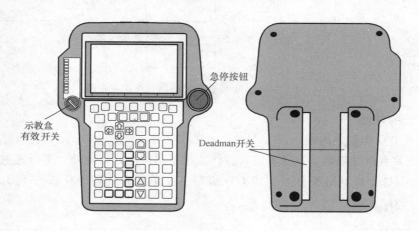

图 1-11　示教盒上主要开关、按钮分布图

2. 示教盒上键控开关功能

示教盒的键控开关分为与菜单相关的键控开关、与应用相关的键控开关、与执行相关的键控开关以及与编辑相关的键控开关，共四类，分别如表 1-2～表 1-5 所示。

3. 示教盒上 LED 含义

示教盒上 LED 的详细分布如图 1-13 所示，LED 显示名称与含义详见表 1-6。

三、操作面板

控制柜操作面板如图 1-14 所示，上面附带有按钮、开关与连接器等。可以通过操作面板上配置的按钮，进行程序的启动、报警的解除等操作。标准操作面板上没有电源 ON/OFF 按钮，电源的通断操作通过控制装置的断路器进行。

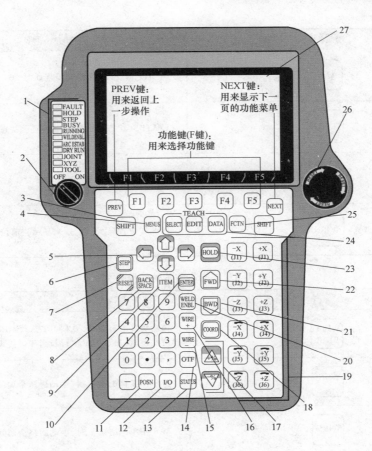

图 1-12 示教盒上按键的具体分布

1—状态显示 LED 2—示教盒有效开关（ON/OFF） 3—SHIFT 键 4—MENUS 键 5—光标键 6—STEP 键
7—RESET 键 8—BACKSPACE 键 9—ITEM 键 10—ENTER 键 11—POSN 键 12—I/O 键 13—STATUS 键
14—OTF 键 15—WIRE-键 16— WIRE+键 17—倍率键 18—COORD 键 19—JOG 键 20—WELD ENBL 键
21—BWD 键 22—FWD 键 23—HOLD 键 24—SELECT 键，EDIT 键，DATA 键
25—FCTN 键 26—急停按钮 27—液晶显示屏

表 1-2 与菜单相关的键控开关

按 键	功 能
F1 F2 F3 F4 F5	F 功能键，用来选择画面最下行的功能键菜单
NEXT	翻页键，将功能键菜单切换到下一页
MENUS FCTN	MENUS（画面选择）键，用来显示画面菜单 FCTN（辅助）键，用来显示辅助菜单
SELECT EDIT DATA	SELECT（一览）键，用来显示程序一览画面 EDIT（编辑）键，用来显示程序编辑画面 DATA（数据）键，用来显示数据画面

（续）

按　　键	功　　能
OTF	按 OTF 键,显示焊接微调整画面
STATUS	STATUS(状态显示)键,用来显示状态画面
I/O	I/O(输入/输出)键,用来显示 I/O 画面
POSN	POSN(位置显示)键,用来显示当前位置画面

表 1-3　与应用相关的键控开关

按　　键	功　　能
WELD ENBL	切换焊接的有效/无效(同时按下 SHIFT 键);不按 SHIFT 键按此键时,显示测试执行画面和焊接画面
WIRE +	与 SHIFT 同时按下时,手动进送金属线
WIRE −	与 SHIFT 同时按下时,手动回绕金属线
SHIFT	SHIFT 键与其他键同时按下时,可以进行 JOG 进给、位置数据的示教、程序的启动。左右 SHIFT 键功能相同
−Z(J3) −Y(J2) −X(J1) +Z(J3) +Y(J2) +X(J1) −Z(J6) −Y(J5) −X(J4) +Z(J6) +Y(J5) +X(J4)	JOG 键,与 SHIFT 键同时按下时实现机器人的手动进给
COORD	坐标系切换键,切换顺序:JOINT(关节)—JGFRM(笛卡儿)—TOOL(工具)—USER(用户)
+% −%	倍率键,可进行速度倍率的变更:VFINE(微速)—FINE(低速)—1%—5%—50%—100%

表 1-4　与执行相关的键控开关

按　　键	功　　能
FWD　BWD	FWD(前进)键、BWD(后退)键,在同时按下 SHIFT 键时用于程序的启动。程序执行中松开 SHIFT 键时,程序执行暂停

（续）

按　键	功　能
HOLD	HOLD（保持）键，用来中断程序的执行
STEP	STEP（步进）键，用于单步运转与连续运转的切换

表 1-5　与编辑相关的键控开关

按　键	功　能
PREV	返回键，用于使显示状态返回到前面的状态
ENTER	回车键，用于数值的输入和菜单的选择
BACK SPACE	取消键，用来删除光标位置前一数字或字符
光标键	光标键
ITEM	项目选择键，用于输入行编号后移动光标

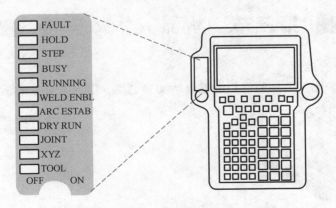

图 1-13　示教盒上 LED 的详细分布图

表 1-6　LED 名称与含义

显示 LED	含　义	显示 LED	含　义
FAULT（报警）	表示发生了报警	BUSY（处理中）	表示机器人正在进行某项作业。除了程序的执行外，在打印机和软驱操作过程中，该 LED 也会亮灯
HOLD（保持）	表示按下了 HOLD 按钮，或者输入了 HOLD 信号		
STEP（步进）	表示处在步进运转方式下		

（续）

显示 LED	含　义	显示 LED	含　义
RUNNING（程序执行中）	表示正在执行程序	JOINT（手动关节）	表示手动进给坐标系为关节坐标系
WELD ENBL（可以焊接）	表示弧焊处在有效状态	XYZ（手动笛卡儿坐标系）	表示手动进给坐标系为 JOG 坐标系、世界坐标系（又称通用坐标系）或用户坐标系
ARC ESTAB（电弧产生中）	表示正在执行弧焊	TOOL（手动工具）	表示手动进给坐标系为工具坐标系
DRY RUN（空运行）	表示空运行处在有效状态		

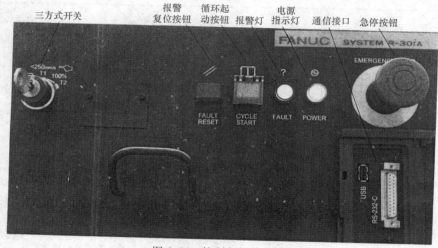

图 1-14　控制柜操作面板

第三节　机器人本体连接

一、本体与控制柜的连接

机器人本体与控制柜之间的连接电缆包括动力电缆、信号电缆与地线，如图 1-15 所示。

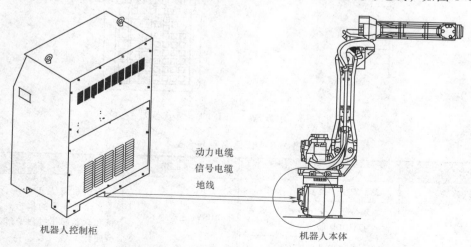

图 1-15　机器人本体与控制柜间的连接图

机器人本体侧电缆连接于基座背面的连接器部，如图 1-16 所示。

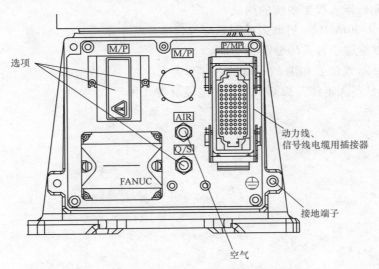

图 1-16　机器人本体基座背面的连接器图

二、压缩空气配管

配有气动手爪、真空吸盘等应用的机器人需要进行空气配管，空气配管指供给机器人的压缩空气需要配置相应的供气管路。图 1-17 给出了安装有气动三联件（空气过滤器、减压阀与油雾器）的空气配管实例。在油雾器中注入透平油，一直注入到规定油位为止。

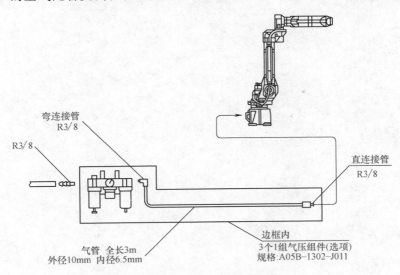

图 1-17　空气配管实例

习　题

1. 简述工业机器人本体的基本结构组成。

2. 工业机器人常用的末端执行器有哪些？

3. 简述工业机器人作业范围的定义。

4. FANUC M-10iA 工业机器人关节轴的最大动作范围？

5. 简述工业机器人控制系统的构成。

6. FANUC R-30iA Mate 机器人控制系统包含哪些基本单元？

7. 简述示教盒键控开关的分类与功能。

8. 简述液晶示教盒上 LED 指示灯的名称与含义。

9. FANUC 机器人本体与控制柜间连接电缆有哪几种？

第二章　机器人坐标系统

第一节　机器人坐标系的分类

机器人坐标系是为了确定机器人的位置和姿态而在机器人或空间上进行定义的位置坐标系统。机器人坐标系可分为关节坐标系和笛卡儿坐标系两大类。

一、关节坐标系

关节坐标系是设定在机器人关节中的坐标系，六轴关节机器人分为六个关节坐标 J1~J6，如图 2-1 所示，机器人所有轴的关节坐标值均为 0。

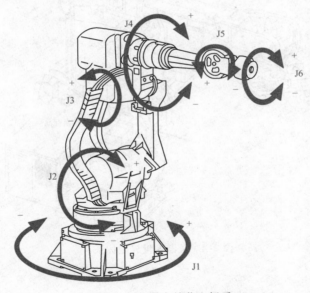

图 2-1　机器人关节坐标系

二、笛卡儿坐标系

机器人笛卡儿坐标系可分为：世界坐标系（WORLD）、手动坐标系（JOGFRM）、机械接口坐标系、工具坐标系（TOOL）与用户坐标系（USER）等。上述全部坐标系共同点是由正交的右手定则来确定，在已知两个坐标方向时，剩余的坐标方向是唯一的，如图 2-2 所示。以右手螺旋前进方向为正时，围绕 X、Y 和 Z 轴线转动分别定义为 w、p、r 如图 2-3 所示。

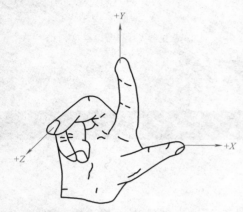

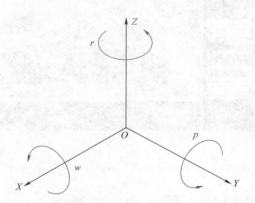

图 2-2　笛卡儿坐标系（X、Y、Z）　　　　　图 2-3　旋转坐标（w、p、r）定义

1. 世界坐标系

世界坐标系又称通用坐标系，是被固定在空间上的标准直角笛卡儿坐标系，其被固定在由机器人事先确定的位置，如图 2-4 所示。它用于位置数据的示教与执行，用户坐标系、手动坐标系等基于该坐标系而设定。

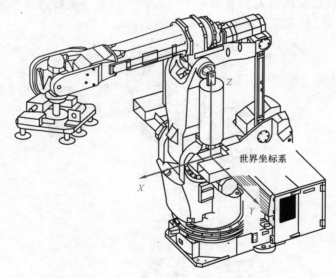

图 2-4　机器人世界坐标系

2. 手动坐标系

手动坐标系是在作业区域中为了有效进行手动运动控制而在机器人作业空间进行定义的笛卡儿坐标系。只有在手动控制坐标轴移动并选择了手动坐标系时才生效，其原点没有特殊含义。没有定义的情况下，手动坐标系与世界坐标系相同。

3. 机械接口坐标系

机械接口坐标系（图 2-5）是以机械接口为参照系的坐标系，默认设置时其原点是机械接口的中心，也就是 J6 轴的法兰盘中心。Z 轴正方向垂直于机械接口中心，并指向末端执行器；X 轴正方向由机械接口平面与世界坐标系中 X、Z 平面（或平行于 X、Z 的平面）的交线来定义，一般远离世界坐标系中的 Z 轴。

4. 工具坐标系

工具坐标系是表示刀尖点（Tool Center Point，简称 TCP）和工具姿势的直角笛卡儿坐标系。一般以 TCP 为原点，将工具方向取为 Z 轴。未定义工具坐标系时，由机械接口坐标系来替代工具坐标系，图 2-5 中的工具坐标系（$X_T Y_T Z_T$）是由机械接口坐标系（$X_m Y_m Z_m$）经平移、旋转变换后得到。

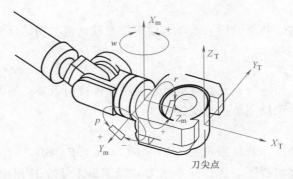

图 2-5　机械接口坐标系（$X_m Y_m Z_m$）与工具坐标系（$X_T Y_T Z_T$）

5. 用户坐标系

用户坐标系是用户对每个作业空间进行定义的笛卡儿坐标系，通过相对世界坐标系坐标原点的位置 X、Y、Z 以及 X、Y、Z 轴周围的旋转角 w、p、r 来定义。它一般用于位置寄存器的示教与执行，位置补偿指令的执行等。未定义时，用户坐标系由世界坐标系取代，如图 2-6 所示。

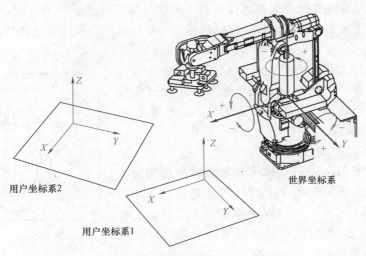

图 2-6　世界坐标系与用户坐标系

第二节　机器人的手动控制

机器人手动控制是通过按下示教盒上的按键来操作机器人的一种进给方式，而程序中的动作指令的示教，需要手动控制将机器人移动到目标位置后，再记录该位置。

一、机器人的启动方式

机器人接通电源时通常执行冷启动或热启动的内部处理，通电前需确认系统的启动方式。FANUC 机器人有四种启动方式：初始化启动、控制启动、冷启动与热启动。日常作业中，一般使用冷启动或热启动，这由系统变量 Use Hot Start 来设定；日常运转中不采用初始化启动与控制启动，一般在机器人维修时使用。

1. 初始化启动

执行初始化启动时，将删除所有程序、设定恢复默认值。初始化完成时，自动执行控制系统。

2. 控制启动

执行控制启动时，可进行系统变量更改、系统文件读出以及机器人设定等操作。另外还可以从控制启动菜单的辅助菜单执行机器人冷启动。

3. 冷启动

冷启动是在停电处理无效（系统变量 Use Hot Start 为 FALSE）时执行通常通电操作时使用的一种启动方式。此时程序的执行状态成为"结束"状态，输出信号全部断开。冷启动完成时，可以进行机器人的操作。即使在停电处理有效（Use Hot Start 为 TRUE）时，也可以通过通电时的操作执行冷启动。

4. 热启动

热启动是在停电处理有效时执行通常通电操作时所使用的一种启动方式。程序的执行状态以及输出信号保持电源切断时的状态而启动。热启动完成时，可以进行机器人的操作。

二、三方式开关

三方式开关是安装在操作面板或操作箱上的钥匙操作开关，分为 AUTO、T1 和 T2 三种方式，如图 2-7 所示。实际应用时，根据机器人的动作条件和使用情况选择最合适的机器人操作方式。

使用三方式开关切换操作时，在示教盒画面上显示消息，机器人暂停。将钥匙从开关上拔出，可将开关固定在相应位置。但在 DLS、双链规格情况下，不能在 T2 方式下拔出钥匙而固定开关。

1. T1（测试方式 1）

T1 方式是对机器人进行动作位置示教时所使用的方式。此外，该方式还用于低速下对机器人路径、程序顺序等进行确认。T1 方式下运行程序需借助于示教盒，机器人刀尖点（TCP）和法兰盘的速度被限制在 250mm/s 以下。例如，示教速度为 300mm/s 时，刀尖点与法兰盘

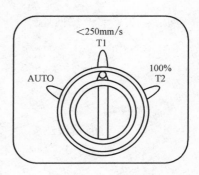

图 2-7　三方式开关

的速度被限制为 250mm/s；而示教速度为 200mm/s 时，刀尖点与法兰盘面上的速度一般不受限制。有时虽然示教速度不到 250mm/s，但因刀具姿势发生变化，如拐角部分，法兰盘部的速度在某些情况下会超过 250mm/s，此时动作速度将受到限制。另外，限制的速度与倍率的选择也有关系，在示教速度超过 250mm/s 时，若倍率为 100%，则速度被限制为 250mm/s，而倍率为 50% 时，速度被限制为 125mm/s，通过降低倍率可以进一步放慢速度。

开关处在 T1 方式时，拔下钥匙可将操作方式固定在 T1 方式。开关处在 T1 方式时，若将示教盒有效开关置于 OFF，机器人停止并显示错误消息；若要解除错误，须将示教盒有效开关置于 ON，再按下 RESET 键。

2. T2（测试方式 2）

T2 方式是对所创建程序进行确认的一种方式。在 T1 方式下，由于速度受到限制，不能对原有的机器人轨迹、正确的循环时间进行确认。选择 T2 方式，手动操作机器人时，刀尖点和法兰盘的速度被限制在 250mm/s 以下，但程序执行时的机器人速度基本不受限制，因此可在示教速度下操作机器人来对轨迹和循环时间进行确认。

开关处在 T2 方式时，拔下钥匙可将操作方式固定在 T2 方式，但需注意 CE、RIA 规格下无法拔出钥匙。开关处在 T2 方式时，若将示教盒有效开关置于 OFF，机器人停止并显示错误消息；若要解除错误，需将示教盒有效开关置于 ON，再按 RESET 键。

3. AUTO 方式

AUTO 方式是生产时所使用的一种方式，此时可以从外部装置、操作面板执行程序，但不能通过示教盒来执行程序，也不能通过示教盒手动操作机器人。开关处在 AUTO 方式的位置时，通过拔下钥匙可将操作方式固定在 AUTO 方式。开关处在 AUTO 方式时，若将示教盒有效开关置于 ON 时，机器人停止并显示错误消息；要解除错误，须将示教盒有效开关置于 OFF，再按 RESET 键。

在开启安全栅栏进行作业的情况下，需将三方式开关切换至 T1 或 T2 后才可以操作机器人。

三、机器人的手动进给

机器人手动进给是通过按下示教盒上按键来操作机器人的一种进给方式。在程序中对动作语句进行示教时，需要借助手动控制将机器人移动到目标位置。手动进给要素是指速度倍率与手动进给坐标系的选取。

1. 速度倍率

速度倍率是手动进给速度的要素，以相对于手动进给最大速度的百分比（%）来表示。速度倍率 100% 表示机器人在该设定下可以运动的最大速度。直线进给时 FINE（低速）的步进量为 0.1mm，关节进给时，每步大约移动 0.001°；VFINE（微速）的步宽为 FINE 下所指定的 1/10。若要改变速度倍率，可按倍率键，单独按下倍率键时的速度倍率按：VFINE→FINE→1% →5%→50%→100% 顺序改变；当系统变量 $SHFTOV_ ENB 为 1 时，若同时按下 SHIFT 与倍率键时，速度倍率将按：VFINE→FINE →5%→50%→100% 顺序改变。当安全速度信号（＊SFSPD）为 OFF 时，速度倍率降低到系统变量 $SCR. $FENCEOVRD 设定值，在此状态下，手动速度倍率最大只能上升到系统变量 $SCR. $SFJOGOVLIM 所指定的上限值。

倍率键在示教盒上分布与操作如图 2-8 所示。

2. 手动进给坐标系

手动进给坐标系分为手动关节坐标系（JOINT）、手动笛卡儿坐标系（XYZ，分为 JGFRM 与 USER）与手动刀具坐标系（TOOL）三类。

选择手动关节坐标系时可使各轴沿着关节坐标系独立运动，如图 2-1 所示。选择手动笛卡儿坐标系时，将使机器人的刀尖沿着用户坐标系（USER）或 JOG 坐标系（JGFRM）的 X、Y、Z 轴运动；手动笛卡儿坐标系下还使机器人刀具围绕用户坐标系或 JOG 坐标系的 X、Y、Z 轴旋转，如图 2-9 所示。在手动刀具坐标系下，将使刀尖点（TCP）沿着机器人的机

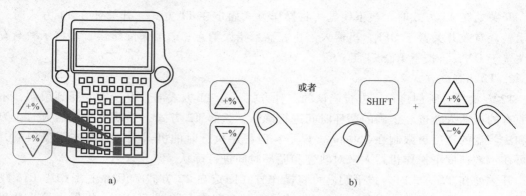

图 2-8　倍率键在示教盒上分布与操作
a）分布　b）操作

械手腕部分所定义的刀具坐标系 X、Y、Z 轴运动；还可实现刀具围绕刀具坐标系的 X、Y、Z 轴的旋转运动，如图 2-10 所示。

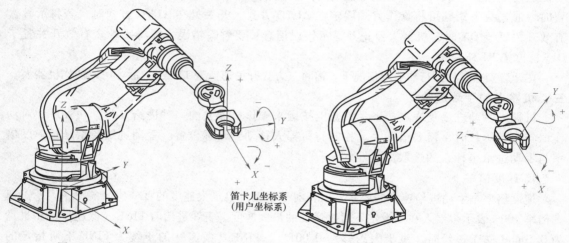

图 2-9　手动笛卡儿坐标系（XYZ）

图 2-10　手动刀具坐标系（TOOL）

　　按下示教盒上的 COORD 键可选择手动进给坐标系，如图 2-11 所示，当前所选的手动进给坐标系的类型显示在示教盒的画面右角，同时示教盒上对应的手动进给坐标系指示灯（LED）点亮。手动进给坐标系画面显示的切换顺序为：JOINT → JGFRM → TOOL→USER→JOINT；示教盒上 LED 指示灯显示的切换顺序为：JOINT → XYZ → TOOL→XYZ→JOINT。

　　在按住 SHIFT 键的同时按下 COORD 键，显示手动（JOG）菜单，然后通过简单的操作可改变当前所选的手动坐标系的编

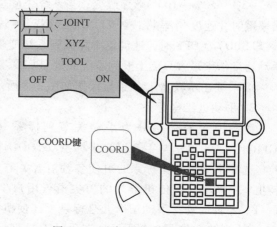

图 2-11　坐标系的手动切换控制

号、组编号以及副组（机器人或附加轴）的选择等。

3. 手动进给操作步骤（表2-1）

表2-1　机器人手动进给操作步骤

步骤	操作方法	操作提示
1	按下 COORD 键,在示教盒上显示执行手动进给的坐标系	手动进给坐标系 JOINT　关节JOG JGFRM　笛卡儿JOG USER　笛卡儿JOG TOOL　刀具JOG JOINT 30%　1/6 JOINT 30%
2	按下倍率键,调节示教盒上所显示的倍率值	+% −% 或 SHIFT + +% −%
3	手持示教盒并按下其背面的 Deadman 开关	执行手动进给时必须按住 Deadman 开关 Deadman开关
4	将示教盒的有效开关置于 ON 的位置。此时若松开 Deadman 开关,机器人将发生报警。要解除报警,需重新按动 Deadman 开关,接着按下示教盒上的 RESET 键解除报警	示教盒有效开关
5	在按住 SHIFT 键的同时按下手动(JOG)方向键,执行手动进给;松开 JOG 键,机器人将停止运行	倍率处在 FINE(低速)或 VFINE(微速)的情形下,应每移动一次松开一次键并再次按下该键
6	若需切换到机械手腕关节进给则按下辅助键 FCTN,显示出辅助菜单	辅助键 FCTN 用来显示辅助菜单
7	选择"5 TOGGLE WRIST JOG"(机械手腕进给切换)	成为机械手腕关节进给方式后,显示"W/"标记,再次按下该键,解除所选方式 SAMPLE1　　　　　W/TOOL　　30 % 1/6

（续）

步骤	操作方法	操作提示
8	若需切换到附加轴，按下 FCTN 键，显示辅助菜单，选择"4 TOGGLE SUB GROUP"（副组切换）	辅助菜单： **3 CHANGE GROUP** **4 TOGGLE SUB GROUP** **5 TOGGLE WRIST JOG** ，选择"4 TOGGLE SUB GROUP"（副组切换），将手动控制从机器人标准轴切换到附加轴；再按一次 FCTN 键，返回控制
9	结束手动进给时，将示教盒有效开关置于 OFF，松开 Deadman 开关	

第三节　工具坐标系的设定

工具坐标系既可以在坐标系设定画面上进行定义，也可以通过改写系统变量的方法来定义。共可定义 10 个工具坐标系，并可根据情况进行切换。

一、坐标系画面设定法

在坐标系设定画面上有三种方法来设定工具坐标系：三点示教法、六点示教法与直接示教法。

1. 三点示教法

三点示教法只能用于设定刀尖点（TCP）的位置，需在工具姿势（w, p, r）中输入标准值（0, 0, 0）。示教时使参考点 1、2、3 以不同的姿势从三个趋近方向指向同一点，如图 2-12 所示，机器人控制系统将根据示教数据自动计算出刀尖点的位置。具体设定操作步骤如表 2-2 所示。

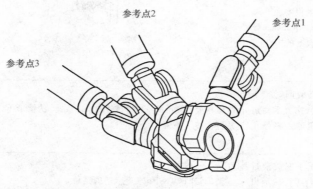

图 2-12　通过三点示教法自动设定刀尖点

表 2-2　应用三点示教法设定刀尖点的操作步骤

步骤	操作方法	操作提示
1	按下 MENUS 按键，显示画面菜单	**MENUS**

（续）

步骤	操作方法	操作提示
2	选择"6 SETUP"（6 设定）	5 I/O 6 SETUP 7 FILE
3	按下 F1"TYPE"（画面），显示画面切换菜单	Frames [TYPE] F1
4	选择"Frame"（坐标系）	
5	按下 F3"OTHER"（坐标）	1 Tool Frame 2 Jog Frame 3 User Frame [TYPE] DETAIL　OTHER
6	选择"Tool Frame"（工具坐标系）	F3
7	出现工具坐标系一览画面，将光标指向将要设定的工具坐标系编号所在行	SETUP Frames　　　　　　　JOINT 30 % Tool Frame Setup/ Direct Entry　1/9 　　　　X　　　Y　　　Z　　Comment 1:　0.0　　0.0　　0.0 *********** 2:　0.0　　0.0　　0.0 *********** 3:　0.0　　0.0　　0.0 *********** 4:　0.0　　0.0　　0.0 *********** 5:　0.0　　0.0　　0.0 *********** 6:　0.0　　0.0　　0.0 *********** 7:　0.0　　0.0　　0.0 *********** 8:　0.0　　0.0　　0.0 *********** 9:　0.0　　0.0　　0.0 *********** Active TOOL $MNUTOOLNUM[1]=1 [TYPE] DETAIL [OTHER]　CLEAR　SETIND
8	按下 F2"DETAIL"（详细），出现所选坐标系编号的工具坐标系设定画面	[TYPE] DETAIL [OTHER] F2
9	按下 F2"METHOD"（方法）	1 Three Point 2 Six Point 3 Direct Entry [TYPE]　METHOD FRAME
10	选择"Three Point"（三点）法	F2

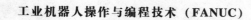

（续）

步骤	操作方法	操作提示
11	输入注释语句，步骤如下：①将光标移到 Comment（注释）行，按下 ENTER 键；②选择使用单词、英文字母；③按下适当的功能键，输入注释；④注释输入完成后，按下 ENTER 键	刀具坐标系设定画面： SETUP Frames JOINT 30 % Tool Frame Setup/ Three Point 1/4 Frame Number: 1 X: 0.0 Y: 0.0 Z: 0.0 W: 0.0 P: 0.0 R: 0.0 Comment: TOOL 1 Approach point 1: UNINIT Approach point 2: UNINIT Approach point 3: UNINIT Active TOOL $MNUTOOLNUM[1]=1 [TYPE][METHOD] FRAME
12	记录参考点，其步骤如下：①将光标移动到各参考点；②在手动方式下将机器人移至应记录的点；③同时按下 SHIFT 键与 F5"RECORD"（位置存储），记录参考点位置数据。参考点数据存储完成时，右侧显示"RECORDED"；④对所有参考点示教后，显示"USED"（使用完毕），工具坐标系即被设定	SHIFT + MOVE_TO RECORD F5 SETUP Frames JOINT 30 % Approach point 1: RECORDED Approach point 2: RECORDED Approach point 3: UNINIT [TYPE][METHOD] FRAME MOVE_TO RECORD
13	在按住 SHIFT 键的同时按下 F4"MOVE_TO"（移动），即可使机器人移至所存储的点	SHIFT + MOVE_TO RECORD F4 F5
14	要确认已记录的各点位置数据，将光标指向各参考点，按下 ENTER 键，此时出现位置数据的详细画面	要返回原先的画面，按 PREV 键
15	按 PREV 键后显示刀具坐标系一览画面	SETUP Frames JOINT 30 % Tool Frame Setup/ Direct Entry 1/9 X Y Z Comment 1: 100.0 0.0 120.0 TOOL1 2: 0.0 0.0 0.0 ************* 3: 0.0 0.0 0.0 ************* 4: 0.0 0.0 0.0 ************* 5: 0.0 0.0 0.0 ************* 6: 0.0 0.0 0.0 ************* 7: 0.0 0.0 0.0 ************* 8: 0.0 0.0 0.0 ************* 9: 0.0 0.0 0.0 ************* [TYPE] DETAIL [OTHER] CLEAR SETIND

步骤	操作方法	操作提示
16	要将所设定的工具坐标系作为当前工具坐标系,可按 F5"SETIND"（切换）,并输入工具坐标系编号	[OTHER] CLEAR SETIND F5
17	若要删除所设定的坐标系数据,按 F4"CLEAR"（擦除）	[OTHER] CLEAR SETIND F4

2. 六点示教法

六点示教法设定刀尖点位置的方法与三点示教法相同,但还要完成工具姿势的设定。工具姿势的设定也采用示教的方法,通过选择在笛卡儿坐标系或工具坐标系下进行手动操作,分别示教方位原点（Orient Origin Point）、平行于工具坐标系的 X 轴方向上的一点（X Direction Point）、XZ 平面上的一点（Z Direction Point）,示教过程中需保持工具的倾斜不变,将得到与工具坐标系平行的坐标系,工具坐标系的原点为工具的刀尖点,如图 2-13 所示。具体设定操作步骤如表 2-3 所示。

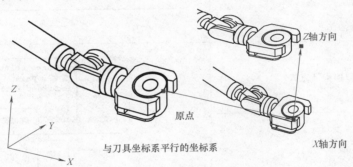

图 2-13　六点示教法中工具姿势的示教

表 2-3　应用六点示教法设定工具坐标系的操作步骤

步骤	操作方法	操作提示
1	显示工具坐标系一览画面	详见表 2-2 中的操作步骤"
2	将光标指向将要设定的工具坐标系编号所在行	SETUP Frames JOINT 30 % Tool Frame Setup/ Direct Entry 2/5 X Y Z Comment 1: 100.0 0.0 120.0 TOOL1 2: 0.0 0.0 0.0 *********** 3: 0.0 0.0 0.0 *********** 4: 0.0 0.0 0.0 *********** 5: 0.0 0.0 0.0 *********** 6: 0.0 0.0 0.0 *********** 7: 0.0 0.0 0.0 *********** 8: 0.0 0.0 0.0 *********** 9: 0.0 0.0 0.0 *********** Active TOOL $MNUTOOLNUM[1]=1 [TYPE] DETAIL [OTHER] CLEAR SETIND

（续）

步骤	操作方法	操作提示
3	按下 F2"DETAIL"（详细），出现所选坐标系编号的工具坐标系设定画面	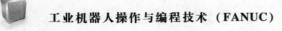[TYPE] DETAIL [OTHER] **F2** SETUP Frames　　　　　　　JOINT　30 % Tool Frame Setup/ Six Point　　　1/7 Frame Number: 2 　　X:　　0.0　Y:　　0.0　Z:　　0.0 　　W:　　0.0　P:　　0.0　R:　　0.0 　　Comment:********************* 　　Approach point 1:　　　UNINIT 　　Approach point 2:　　　UNINIT 　　Approach point 3:　　　UNINIT 　　Orient Origin Point:　　UNINIT 　　X Direction Point:　　　UNINIT 　　Z Direction Point:　　　UNINIT Active TOOL $MNUTOOLNUM[1]=1 [TYPE][METHOD] FRAME
4	按下 F2"METHOD"（方法）	1 Three Point 2 Six Point 3 Direct Entry [TYPE] METHOD FRAME
5	选择"Six Point"（六点）法	**F2**
6	输入注释语句和参考点，六个参考点示教后，显示"USED"（使用完毕），工具坐标系即被设定	操作提示详见表2-2，不同之处在于六点示教法要增加对方位原点、X轴方向点以及Z轴方向点的示教 SETUP Frames　　　　　　　JOINT　30 % Tool Frame Setup/ Six Point　　　1/7 Frame Number: 2 　　X:　200.0　Y:　　0.0　Z:　255.5 　　W:　-90.0　P:　　0.0　R:　180.0 　　Comment:　　　　　　　　TOOL2 　　Approach point 1:　　　USED 　　Approach point 2:　　　USED 　　Approach point 3:　　　USED 　　Orient Origin Point:　　USED 　　X Direction Point:　　　USED 　　Z Direction Point:　　　USED Active TOOL $MNUTOOLNUM[1]=1 [TYPE][METHOD] FRAME

（续）

步骤	操作方法	操作提示
7	按 PREV 键后显示刀具坐标系一览画面。可以确认所有工具坐标系的设定值	见下方画面
8	要将所设定的工具坐标系作为当前工具坐标系，可按 F5 "SETIND"（切换），并输入工具坐标系编号	[OTHER]　CLEAR　SETIND　　F5
9	若要删除所设定的坐标系数据，按 F4 "CLEAR"（清除）	[OTHER]　CLEAR　SETIND　　F4

步骤 7 操作提示画面内容：

```
SETUP Frames                    JOINT   30 %
Tool Frame Setup/ Six Point            2/9

            X       Y       Z     Comment
   1:    100.0    30.0   120.0     [TOOL1]
   2:    200.0     0.0   255.0     [TOOL2]
   3:      0.0     0.0     0.0     [      ]
   4:      0.0     0.0     0.0     [      ]
   5:      0.0     0.0     0.0     [      ]
   6:      0.0     0.0     0.0     [      ]
   7:      0.0     0.0     0.0     [      ]
   8:      0.0     0.0     0.0     [      ]
   9:      0.0     0.0     0.0     [      ]
Active TOOL $MNUTOOLNUM[1]=1
[ TYPE ] DETAIL [OTHER]  CLEAR   SETIND
```

3. 直接示教法

采用直接示教法时，将直接输入刀尖点相对于机械接口坐标系的位置坐标值（X、Y、Z）以及工具坐标系（X_t、Y_t、Z_t）的旋转角（w、p、r）。直接示教法中旋转角的定义如图 2-14 所示。具体设定操作步骤如表 2-4 所示。

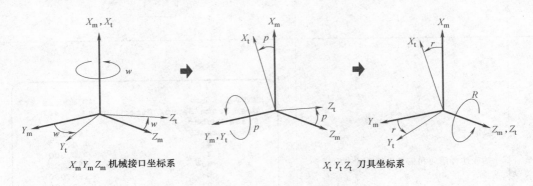

图 2-14　直接示教法中旋转角的定义

表 2-4　应用直接示教法设定工具坐标系的操作步骤

步骤	操作方法	操作提示
1	显示工具坐标系一览画面	详见表 2-2 中的操作步骤

（续）

步骤	操作方法	操作提示

2	将光标指向将要设定的工具坐标系编号所在行	```
		SETUP Frames JOINT 30 %
		 Tool Frame Setup/ Direct Entry 3/9
		
		            X Y Z Comment
		    1: 100.0 30.0 120.0 TOOL1
		    2: 200.0 0.0 255.0 TOOL2
		    3: 0.0 0.0 0.0 *************
		    4: 0.0 0.0 0.0 *************
		    5: 0.0 0.0 0.0 *************
		    6: 0.0 0.0 0.0 *************
		    7: 0.0 0.0 0.0 *************
		    8: 0.0 0.0 0.0 *************
		    9: 0.0 0.0 0.0 *************
		 Active TOOL $MNUTOOLNUM[1]=1
		 [TYPE] DETAIL [OTHER] CLEAR SETIND
		``

3	按下 F2"DETAIL"（详细），出现所选坐标系编号的工具坐标系设定画面	[TYPE] DETAIL [OTHER] F2
4	按下 F2"METHOD"（方法）	
5	选择"Direct Entry"（直接输入）法	1 Three Point 2 Six Point 3 Direct Entry [TYPE] METHOD FRAME F2

6	输入注释语句和工具坐标系的坐标值	```
		SETUP Frames JOINT 30 %
		 User Frame Setup/ Direct Entry 4/7
		 Frame Number: 3
		    1 Comment: TOOL3
		    2 X: 0.000
		    3 Y: 0.000
		    4 Z: 350.000
		    5 W: 180.000
		    6 P: 0.000
		    7 R: 0.000
		    8 Configuration: N D B, , 0
		 Active TOOL $MNUTOOLNUM[1]=1
		 [TYPE][METHOD] FRAME
		``

（续）

步骤	操作方法	操作提示
| 7 | 按 PREV 键后显示刀具坐标系一览画面。可以确认所有工具坐标系的设定值 | ```
SETUP Frames                    JOINT  30 %
Tool Frame Setup/ Direct Entry        3/5

            X      Y      Z     Comment
    1:   100.0   30.0  120.0        TOOL1
    2:   200.0    0.0  255.0        TOOL2
    3:     0.0    0.0  350.0        TOOL3
    4:     0.0    0.0    0.0  ************
    5:     0.0    0.0    0.0  ************
    6:     0.0    0.0    0.0  ************
    7:     0.0    0.0    0.0  ************
    8:     0.0    0.0    0.0  ************
    9:     0.0    0.0    0.0  ************
Active TOOL $MNUTOOLNUM[1]=1
[ TYPE ] DETAIL [OTHER ]  CLEAR  SETIND
``` |
| 8 | 要将所设定的工具坐标系作为当前工具坐标系,可按 F5"SETIND"(切换),并输入工具坐标系编号 | [OTHER] CLEAR SETIND
F5 |
| 9 | 若要删除所设定的坐标系数据,按 F4"CLEAR"(清除) | [OTHER] CLEAR SETIND
F4 |

二、系统变量设定法

系统变量 $MNUTOOL [group, i]（$i = 1 \sim 10$）用于设定工具坐标系中各轴的坐标值（$X$、$Y$、$Z$、$w$、$p$、$r$），其中 group 为组号，i 为工具坐标系编号；而系统变量 $MNUTOOLNUM [group] 则用于设定当前使用的工具坐标系编号。具体操作设定步骤见表 2-5。

表 2-5 系统变量设定的操作步骤

步骤	操作方法	操作提示
1	按下"MENUS"(画面选择)键	**MENUS**
2	按下"0 NEXT"(下一页),选择"6 SYS-TEM"(6 系统)	9 USER 5 POSITION 0 -- NEXT -- 6 SYSTEM 7
3	按下 F1"TYPE"(画面)	Variables TYPE
4	选择"Variables"(系统变量)	**F1**
```

（续）

步骤	操作方法	操作提示
5	出现系统变量画面后，将光标移至待修改的系统变量，以 $MNUTOOL[1,10]$ 为例。接着按 F2"DETAIL"（细节）	SYSTEM Variables　　　　WORLD 100 % 281/640 277 $MNDSP_PSTOL　[8] of MNDSPPSTL_T 278 $MNSING_CHK　FALSE 279 $MNUFRAME　[1,9] of POSITION 280 $MNUFRAMENUM　BYTE 281 $MNUTOOL　[1,10] of POSITION 282 $MNUTOOLNUM　BYTE 283 $MODAQ_CFG　MODAQ_CFG_T 284 $MODAQ_TASK　'123456789 12345678> 285 $MODEM_INF　[6] of MODEM_INF_T 286 $MONITOR_MSG　[32] of STRING[9] [TYPE] DETAIL F1 F2 F3 F4 F5
6	输入工具偏置量后回车确认	SYSTEM Variables　　　　WORLD 100 % $MNUTOOL[1,1] IN GROUP[1]　4/7 1 C　　N U T, 0, 0, 0 2 X　　0.000 3 Y　　0.000 4 Z　　200.000 5 W　　.000 6 P　　0.000 7 R　　0.000 [TYPE]　　RECORD MOVE_LN MOVE_JT F1 F2 F3 F4 F5

第四节　用户坐标系的设定

用户坐标系既可以在坐标系设定画面上进行定义，也可以通过改写系统变量的方法来定义。共可定义 9 个用户坐标系，并可根据情况进行切换。

一、坐标系画面设定法

在坐标系设定画面上有三种方法来设定用户坐标系：三点示教法、四点示教法与直接示教法。

1. 三点示教法

三点示教法也就是对用户坐标系中的方向原点（Orient Origin Point）、X 轴方向的一点（X Direction Point）以及 Y 轴方向的一点（Y Direction Point）进行示教，根据方向原点与 X 轴正方向上的一点可以确定 X 轴的正方向，同样根据方向原点与 Y 轴正方向上的一点可以确定 Y 轴的正方向，而 Z 轴的正方向则根据正交的右手定则来确定，如图 2-15 所示。具体设定操作步骤如表 2-6 所示。

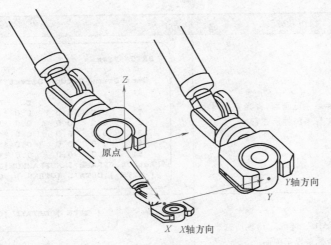

图 2-15　用户坐标系的三点示教法

表 2-6　应用三点示教法设定用户坐标系的操作步骤

步骤	操作方法	操作提示
1	按下"MENUS"按键,显示画面菜单	MENUS
2	选择"6 SETUP"(6 设定)	5 I/O 6 SETUP 7 FILE
3	按下 F1"TYPE"(画面),显示画面切换菜单	Frames [TYPE] F1
4	选择"Frame"(坐标系)	
5	按下 F3"OTHER"(坐标)	1 Tool Frame 2 Jog Frame 3 User Frame [TYPE] DETAIL OTHER
6	选择"User Frame"(用户坐标系)	F3

（续）

步骤	操作方法	操作提示
| 7 | 出现用户坐标系一览画面,将光标指向将要设定的用户坐标系编号所在行 | ```
SETUP Frames              JOINT  30 %

User Frame Setup/ Direct Entry    1/5

             X       Y       Z     Comment
     1:     0.0     0.0     0.0   ************
     2:     0.0     0.0     0.0   ************
     3:     0.0     0.0     0.0   ************
     4:     0.0     0.0     0.0   ************
     5:     0.0     0.0     0.0   ************
Active UFRAME $MNUFRAMNUM[1]=0
[ TYPE ] DETAIL [OTHER ]  CLEAR  SETIND
``` |
8	按下 F2"DETAIL"（详细）,出现所选坐标系编号的用户坐标系设定画面	[TYPE] DETAIL [OTHER] **F2**
9	按下 F2"METHOD"（方法）	1 Three Point 2 Four Point 3 Direct Entry [TYPE] METHOD FRAME
10	选择"Three Point"（三点）法	**F2**
| 11 | 输入注释语句 | ```
SETUP Frames              JOINT  30 %
User Frame Setup/ Three Point     1/4
Frame Number: 1
   X:    0.0    Y:    0.0    Z:    0.0
   W:    0.0    P:    0.0    R:    0.0
   Comment : ********************
   Orient Origin Point:    UNINIT
   X Direction Point:      UNINIT
   Y Direction Point:      UNINIT
Active UFRAME $MNUFRAMNUM[1]=0
[ TYPE ][METHOD] FRAME
``` |
| 12 | 记录参考点,在按住 SHIFT 键的同时,按下 F5"RECORD"（位置存储）,将当前位置数据作为参考点输入<br><br>所有参考点都示教后,显示"USED",用户坐标系即被设定 | MOVE_TO RECORD<br>SHIFT + **F5**<br><br>```
SETUP Frames              JOINT  30 %
User Frame Setup/ Three Point     4/4
Frame Number: 1
   X: 1243.6   Y:    0.0   Z:   10.0
   W:    0.1   P:    2.3   R:    3.2
   Comment :      REFERENCE FRAME
   Orient Origin Point:    USED
   X Direction Point:      USED
   Y Direction Point:      USED
Active UFRAME $MNUFRAMNUM[1]=0
[ TYPE ][METHOD] FRAME     MOVE_TO RECORD
``` |
```

（续）

步骤	操作方法	操作提示
13	在按住 SHIFT 键的同时按下 F4 "MOVE_TO"（移动），即可使机器人移至所存储的点	SHIFT + MOVE_TO RECORD F4 F5
14	要确认已记录的各点位置数据，将光标指向各参考点，按下 ENTER 键，此时出现位置数据的详细画面	要返回原先的画面，按 PREV 键
| 15 | 按 PREV 键后显示用户坐标系一览画面，可以确认所有用户坐标系的设定值 | ```
SETUP Frames                    JOINT  30 %
  User Frame Setup/ Three Point        1/9
          X       Y      Z    Comment
  1: 1243.6     0.0    43.8  REFERENCE FR>
  2:     0.0    0.0     0.0  ************
  3:     0.0    0.0     0.0  ************
  4:     0.0    0.0     0.0  ************
  5:     0.0    0.0     0.0  ************
  6:     0.0    0.0     0.0
  7:     0.0    0.0     0.0
  8:     0.0    0.0     0.0
  9:     0.0    0.0     0.0
 Active UFRAME $MNUFRAMNUM[1]=0
 [ TYPE ] DETAIL [OTHER ]  CLEAR  SETIND
``` |
| 16 | 要将所设定的用户坐标系作为当前用户坐标系，可按 F5 "SETIND"（切换），并输入用户坐标系编号 | [OTHER] CLEAR SETIND F5 |
| 17 | 若要删除所设定的坐标系数据，按 F4 "CLEAR"（清除） | [OTHER] CLEAR SETIND F4 |

2. 四点示教法

四点示教法即采用平行于用户坐标系 X 轴的开始点，即方向原点（Orient Origin Point）、X 轴方向上的一点（X Direction Point）、Y 轴方向的一点（Y Direction Point）以及坐标系的原点（System Point）来进行示教的方法，如图 2-16 所示。具体设定操作步骤如表 2-7 所示。

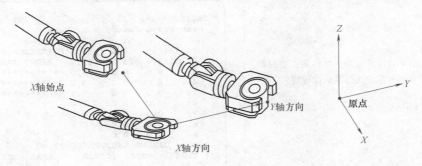

图 2-16 用户坐标系的四点示教法
```

表 2-7 应用四点示教法设定用户坐标系的操作步骤

步骤	操作方法	操作提示
1	显示用户坐标系一览画面	详见表 2-6 中的操作步骤
| 2 | 将光标指向将要设定的用户坐标系编号所在行 | ```
SETUP Frames                    JOINT  30 %
User Frame Setup/ Three Point        2/9
          X       Y      Z    Comment
  1: 1243.6     0.0    43.8  REFERENCE FR>
  2:    0.0     0.0     0.0  ***********
  3:    0.0     0.0     0.0  ***********
  4:    0.0     0.0     0.0  ***********
  5:    0.0     0.0     0.0  ***********
  6:    0.0     0.0     0.0  ***********
  7:    0.0     0.0     0.0  ***********
  8:    0.0     0.0     0.0  ***********
  9:    0.0     0.0     0.0  ***********
Active UFRAME $MNUFRAMNUM[1]=0
[ TYPE ] DETAIL [OTHER]   CLEAR  SETIND
``` |
3	按下 F2"DETAIL"（详细），出现所选坐标系编号的用户坐标系设定画面	[TYPE] DETAIL [OTHER] F2
4	按下 F2"METHOD"（方法）	1 Three Point 2 Four Point 3 Direct Entry [TYPE] METHOD FRAME
5	选择"Four Point"（四点）法	F2
6	输入注释语句和参考点，直至设定完成	详见表 2-6，不同之处在于四点示教法要增加系统原点的示教
| 7 | 按 PREV 键后显示用户坐标系一览画面。可以确认所有用户坐标系的设定值 | ```
SETUP Frames                    JOINT  30 %
User Frame Setup/ Four Point         2/5
          X       Y      Z    Comment
  1: 1243.6     0.0    43.8  REFERENCE FR>
  2: 1243.6   525.2   43.8   RIGHT FRAME
  3:    0.0     0.0     0.0  ***********
  4:    0.0     0.0     0.0  ***********
  5:    0.0     0.0     0.0  ***********
  6:    0.0     0.0     0.0
  7:    0.0     0.0     0.0
  8:    0.0     0.0     0.0
  9:    0.0     0.0     0.0
Active UFRAME $MNUFRAMNUM[1]=0
[ TYPE ] DETAIL [OTHER]   CLEAR  SETIND
``` |

（续）

步骤	操作方法	操作提示
8	要将所设定的用户坐标系作为当前用户坐标系，可按 F5"SETIND"（切换），并输入用户坐标系编号	[OTHER] CLEAR SETIND F5
9	若要删除所设定的坐标系数据，按 F4"CLEAR"（清除）	[OTHER] CLEAR SETIND F4

3. 直接示教法

与工具坐标系的直接示教法设定类似，也可以采用直接示教法设定用户坐标系，不过此时直接输入的坐标值是相对于世界坐标系的用户坐标系原点位置（X、Y、Z）以及世界坐标系 X 轴、Y 轴与 Z 轴周围的旋转角（w、p、r）的值，直接示教法中的旋转角（w、p、r）含义如图 2-17 所示。具体设定操作步骤如表 2-8 所示。

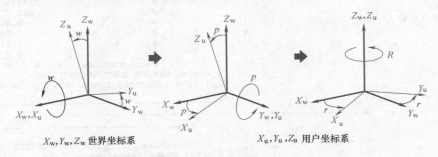

X_w, Y_w, Z_w 世界坐标系　　　　X_u, Y_u, Z_u 用户坐标系

图 2-17　直接示教法中的旋转角（w、p、r）含义

表 2-8　应用直接示教法设定用户坐标系的操作步骤

步骤	操作方法	操作提示
1	显示用户坐标系一览画面	详见表 2-6 中的操作步骤
| 2 | 将光标指向将要设定的用户坐标系编号所在行 | ```
SETUP Frames              JOINT  30 %
User Frame Setup/ Four Point      3/9
          X      Y       Z   Comment
  1: 1243.6    0.0    43.8 REFERENCE FR>
  2: 1243.6  525.2    43.8    RIGHT FRAME
  3:    0.0    0.0     0.0 ************
  4:    0.0    0.0     0.0 ************
  5:    0.0    0.0     0.0 ************
  6:    0.0    0.0     0.0 ************
  7:    0.0    0.0     0.0 ************
  8:    0.0    0.0     0.0 ************
  9:    0.0    0.0     0.0 ************
Active UFRAME $MNUFRAMNUM[1]=1
[ TYPE ] DETAIL [OTHER ]  CLEAR  SETIND
``` |
```

（续）

步骤	操作方法	操作提示
3	按下 F2"DETAIL"（详细），出现所选坐标系编号的用户坐标系设定画面	[TYPE] DETAIL [OTHER] F2
4	按下 F2"METHOD"（方法）	1 Three Point 2 Four Point 3 Direct Entry
5	选择"Direct Entry"（直接输入）法	[TYPE] METHOD FRAME F2
6	输入注释语句和用户坐标值	SETUP Frames JOINT 30 % User Frame Setup/ Direct Entry 4/7 Frame Number: 3 1 Comment: LEFT FRAME 2 X: 1243.6 3 Y: -525.2 4 Z: 43.9 5 W: 0.123 6 P: 2.34 7 R: 3.2 Configuration: N D B, , 0 Active UFRAME $MNUFRAMNUM[1]=0 [TYPE][METHOD] FRAME MOVE_TO RECORD
7	按 PREV 键后显示用户坐标系一览画面。可以确认所有用户坐标系的设定值	SETUP Frames JOINT 30 % User Frame Setup/ Three Point 3/5 X Y Z Comment 1: 1243.6 0.0 43.8 REFERENCE FR> 2: 1243.6 43.8 RIGHT FRAME 3: 1243.6 -525.2 43.8 LEFT FRAME 4: 0.0 0.0 0.0 5: 0.0 0.0 0.0 6: 0.0 0.0 0.0 7: 0.0 0.0 0.0 8: 0.0 0.0 0.0 9: 0.0 0.0 0.0 Active UFRAME $MNUFRAMNUM[1]=0 [TYPE] DETAIL [OTHER] CLEAR SETIND
8	要将所设定的用户坐标系作为当前用户坐标系，可按 F5"SETIND"（切换），并输入用户坐标系编号	[OTHER] CLEAR SETIND F5
9	若要删除所设定的坐标系数据，按 F4"CLEAR"（清除）	[OTHER] CLEAR SETIND F4

二、系统变量设定法

系统变量 $MNUFRAME [group, i] （$i=1\sim9$）用于设定用户坐标系中各轴的坐标值（$X$、$Y$、$Z$、$w$、$p$、$r$），其中 group 为组号，i 为用户坐标系编号；而系统变量 $MNUFRA-MENUM [group] 则用于设定当前使用的用户坐标系编号。通过改写系统变量设定用户坐标系的操作步骤详见表 2-5。

第五节　手动坐标系的设定

手动（JOG）坐标系只在手动进给坐标系中选择了 JOG 坐标系时才使用，它的原点没有特殊含义。另外，该坐标系不受程序执行以及用户坐标系的切换等影响，如图 2-18 所示。

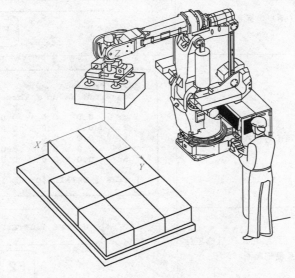

图 2-18　JOG 坐标系

在坐标系设定画面上有两种设置 JOG 坐标系的方法：三点示教法与直接示教法，设定完成时系统变量 $JOG_ GROUP [group]，$JOGFRAME 将被改写。共可定义 5 个 JOG 坐标系，并可根据情况进行切换，未设定 JOG 坐标系时，将由世界坐标系来替代。

一、三点示教法

三点示教法中定义的三点分别为：坐标原点、X 轴方向的一点、XY 平面上的一点。具体设定操作步骤如表 2-9 所示。

表 2-9　应用三点示教法设定 JOG 坐标系

步骤	操作方法	操作提示
1	按下 MENUS 按键,显示画面菜单	**MENUS**
2	选择"6 SETUP"（6 设定）	5 I/O 6 SETUP 7 FILE

（续）

步骤	操作方法	操作提示
3	按下 F1"TYPE"（画面），显示画面切换菜单	Frames [TYPE]
4	选择"Frame"（坐标系）	F1
5	按下 F3"OTHER"（坐标）	F1 · 1 Tool Frame 2 Jog Frame 3 User Frame [TYPE] DETAIL OTHER
6	选择"Jog Frame"（用户坐标系）	F3 ·
7	出现 JOG 坐标系一览画面,将光标指向将要设定的 JOG 坐标系编号所在行	SETUP Frames　　　　　JOINT　30 % Jog Frame Setup / Three Point　　1/5 　　　　X　　　Y　　　Z　　Comment 1:　　0.0　　0.0　　0.0 ************ 2:　　0.0　　0.0　　0.0 ************ 3:　　0.0　　0.0　　0.0 ************ 4:　　0.0　　0.0　　0.0 ************ 5:　　0.0　　0.0　　0.0 ************ [TYPE] DETAIL [OTHER]　 CLEAR　JGFRM
8	按下 F2"DETAIL"（详细），出现所选坐标系编号的 JOG 坐标系设定画面	[TYPE] DETAIL [OTHER] F2 ·
9	按下 F2"METHOD"（方法）	1 Three Point 2 Direct Entry [TYPE]　METHOD FRAME
10	选择"Three Point"（三点）法	F2 ·
11	输入注释语句与参考点	SETUP Frames　　　　　　JOINT　30 % Jog Frame Setup / Three Point　　4/4 Frame Number: 1 　X: 1243.6　　Y:　　0.0　　Z:　　10.0 　W:　 0.1　　P:　　2.3　　R:　　3.2 　Comment:　　　　WORK AREA 1 　Orient Origin Point:　　RECORDED 　X Direction Point:　　　RECORDED 　Y Direction Point:　　　UNINIT [TYPE][METHOD] FRAME　 MOVE_TO RECORD

（续）

步骤	操作方法	操作提示
12	按 PREV 键后显示 JOG 坐标系一览画面，可以确认所有 JOG 坐标系的设定值	SETUP Frames　　　　　　　JOINT　30 % Jog Frame Setup / Three Point　　1/5 　　　X　　Y　　　Z　　Comment 1: 1243.6 525.2　　60.0　WORK AREA 1 2:　0.0　0.0　　0.0 ************** 3:　0.0　0.0　　0.0 ************** 4:　0.0　0.0　　0.0 ************** 5:　0.0　0.0　　0.0 ************** [TYPE] DETAIL [OTHER]　CLEAR　JGFRM
13	要将所设定的 JOG 坐标系作为当前用户坐标系，可按 F5"JGFRM"（切换），并输入坐标系编号	[OTHER]　CLEAR　JGFRM F5
14	若要删除所设定的坐标系数据，按 F4"CLEAR"（清除）	[OTHER]　CLEAR　JGFRM F4

二、直接示教法

采用直接示教法时直接输入相对世界坐标系的坐标系原点的位置 X、Y、Z 以及 X 轴、Y 轴、Z 轴周围的旋转角 w、p、r 的值。具体设定操作步骤如表 2-10 所示。

表 2-10　应用直接示教法设定 JOG 坐标系

步骤	操作方法	操作提示
1	显示 JOG 坐标系一览画面	详见表 2-9 中的操作步骤
2	将光标指向将要设定的 JOG 坐标系编号所在行	SETUP Frames　　　　　　　JOINT　30 % Jog Frame Setup / Three Point　　2/5 　　　X　　Y　　　Z　　Comment 1: 1243.6 525.2　　60.0　WORK AREA 1 2:　0.0　0.0　　0.0 ************** 3:　0.0　0.0　　0.0 ************** 4:　0.0　0.0　　0.0 ************** 5:　0.0　0.0　　0.0 ************** [TYPE] DETAIL [OTHER]　CLEAR　JGFRM
3	按下 F2"DETAIL"（详细），出现所选坐标系编号的用户坐标系设定画面	[TYPE] DETAIL [OTHER] F2

（续）

步骤	操作方法	操作提示
| 4 | 按下 F2"METHOD"（方法） | ```
1 Three Point
2 Direct Entry

[ TYPE ]  METHOD  FRAME
``` |
| 5 | 选择"Direct Entry"（直接输入）法 | **F2** |
| 6 | 输入注释语句和用户坐标值 | ```
SETUP Frames              JOINT  30 %
Jog Frame Setup / Direct Entry    4/8
Frame Number: 2
 1   Comment:           WORK AREA 2
 2   X:                    1003.000
 3   Y:                    -236.000
 4   Z:                      90.000
 5   W:                       0.000
 6   P:                       0.000
 7   R:                       0.000
 8   Configuration:  N D B, , 0

[ TYPE ][METHOD] FRAME   MOVE_TO   RECORD
``` |
| 7 | 按 PREV 键后显示 JOG 坐标系一览画面。可以确认所有 JOG 坐标系的设定值 | ```
SETUP Frames              JOINT  30 %
Jog Frame Setup / Three Point     2/5
        X      Y      Z    Comment
1: 1243.6 525.2   60.0  WORK AREA 1
2: 1003.0-236.0   90.0  WORK AREA 2
3:    0.0    0.0    0.0 ************
4:    0.0    0.0    0.0 ************
5:    0.0    0.0    0.0 ************

[ TYPE ] DETAIL [OTHER ]  CLEAR  JGFRM
``` |
| 8 | 要将所设定的 JOG 坐标系作为当前用户坐标系，可按 F5"JGFRM"（切换），并输入坐标系编号 | ```
[OTHER ]  CLEAR  JGFRM
```  **F5** |
| 9 | 若要删除所设定的坐标系数据，按 F4"CLEAR"（清除） | ```
[OTHER ]  CLEAR  JGFRM
```  **F4** |

习　　题

1. 简述机器人坐标系统的分类。

2. 正交右手定则是如何定义的？
```

3. 试说明旋转坐标 w、p、r 与直角坐标 X、Y、Z 之间的关系。

4. 简述手动坐标系、机械接口坐标系、工具坐标系、用户坐标系的定义。

5. FANUC 工业机器人有哪几种启动方式？

6. 简述 FANUC 机器人三种工作方式的使用场合与特点。

7. 如何改变 FANUC 机器人的手动倍率与手动进给坐标系？

8. 简述使用三点示教法、六点示教法、直接示教法设定工具坐标系的操作过程。

9. 简述使用三点示教法、四点示教法、直接示教法设定用户坐标系的操作过程。

10. 简述使用三点示教法、直接示教法设定手动坐标系的操作过程。

第三章 机器人输入/输出信号

第一节 输入/输出信号的分类

机器人输入/输出（I/O）信号是机器人与末端执行器、外部装置等设备进行通信的电信号，分为通用输入/输出信号与专用输入/输出信号两大类。通用输入/输出信号是可以由用户自定义的输入/输出信号，包括：数字I/O、组I/O与模拟I/O。而专用I/O信号是用途已经确定的I/O信号，分为：外围设备I/O、操作面板I/O与机器人I/O。其中数字I/O、组I/O与模拟I/O、外围设备I/O可以进行再定义，具体讲可以将物理编号分配给逻辑信号；而操作面板I/O与机器人I/O的物理编号已被固定为逻辑编号，因此不能进行再定义。

一、通用输入/输出信号

1. 数字输入/输出信号

数字输入/输出信号（DI/DO）是从外围设备通过处理I/O印制电路板或I/O单元的输入/输出信号线进行数据交换的标准数字信号，如图3-1所示。

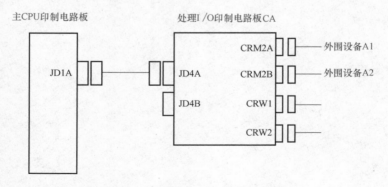

图 3-1　数字输入/输出信号的连接

由于处理I/O印制电路板上物理编号中的18个输入信号（in01～in18）、20个输出信号（out01～out20）被分配给外围设备的输入/输出口（UI/UO），因此被分配给数字输入（DI）的物理编号从in19开始，数字输出（DO）的物理编号则从out21开始，图3-2中给出了CRM2A、CRM2B接口的连接器编号与物理编号，数字输入/输出信号的标准设定如图3-3所示。在没有连接处理 I/O 印制电路板而连接有 I/O 单元 MODEL A/B 的情况下，所有的输入/输出信号均被分配给数字输入/输出信号，而未进行外围设备输入/输出信号的分配，因此使用前需将输入/输出信号分别分配给数字输入/输出信号与外围设备输入/输出信号。

连接器编号	物理编号						连接器编号	物理编号				
01	in 1			33	out 1		01	in 21			33	out 21
02	in 2			34	out 2		02	in 22			34	out 22
03	in 3	19	out 13	35	out 3		03	in 23	19	out 33	35	out 23
04	in 4	20	out 14	36	out 4		04	in 24	20	out 34	36	out 24
05	in 5	21	out 15	37	COM-A1		05	in 25	21	out 35	37	COM-B1
06	in 6	22	out 16	38	out 5		06	in 26	22	out 36	38	out 25
07	in 7	23	COM-A4	39	out 6		07	in 27	23	COM-B4	39	out 26
08	in 8	24	out17	40	out 7		08	in 28	24	out 37	40	out 27
09	in 9	25	out 18	41	out 8		09	in 29	25	out 38	41	out 28
10	in10	26	out 19	42	COM-A2		10	in 30	26	out 39	42	COM-B2
11	in 11	27	out 20	43	out 9		11	in 31	27	out 40	43	out 29
12	in 12	28	COM-A5	44	out 10		12	in 32	28	COM-B5	44	out 30
13	in 13	29	in 17	45	out 11		13	in 33	29	in 37	45	out 31
14	in 14	30	in 18	46	out 12		14	in 34	30	in 38	46	out 32
15	in 15	31	in 19	47	COM-A3		15	in 35	31	in 39	47	COM-B3
16	in 16	32	in 20	48			16	in 36	32	in 40	48	
17	0V			49	+24E		17	0V			49	+24E
18	0V			50	+24E		18	0V			50	+24E

CRM2A　　　　　　　　　　　　　CRM2B

图 3-2　CRM2A、CRM2B 接口的连接器编号与物理编号

物理编号	数字输入			物理编号	数字输出		
in 19	DI 1	in 31	DI 13	out 19		out 31	DO 11
in 20	DI 2	in 32	DI 14	out 20		out 32	DO 12
in 21	DI 3	in 33	DI 15	out 21	DO 1	out 33	DO 13
in 22	DI 4	in 34	DI 16	out 22	DO 2	out 34	DO 14
in 23	DI 5	in 35	DI 17	out 23	DO 3	out 35	DO 15
in 24	DI 6	in 36	DI 18	out 24	DO 4	out 36	DO 16
in 25	DI 7	in 37	DI 19	out 25	DO 5	out 37	DO 17
in 26	DI 8	in 38	DI 20	out 26	DO 6	out 38	DO 18
in 27	DI 9	in 39	DI 21	out 27	DO 7	out 39	DO 19
in 28	DI 10	in 40	DI 22	out 28	DO 8	out 40	DO 20
in 29	DI 11			out 29	DO 9		
in 30	DI 12			out 30	DO 10		

图 3-3　数字输入/输出信号的标准设定

分配数字输入/输出信号的操作步骤如表 3-1 所示。

表 3-1　数字输入/输出信号的分配

步骤	操作方法	操作提示
1	按下 MENUS 按键，显示画面菜单	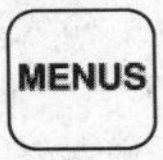 MENUS
2	选择"5 I/O"	4 ALARM 5 I/O 6 SETUP

（续）

步骤	操作方法	操作提示
3	按下 F1"TYPE"（画面），显示画面切换菜单	Digital [TYPE] **F1**
4	选择"Digital"（数字），出现数字输入/输出一览画面	``` I/O Digital Out JOINT 30% # SIM STATUS DO[1] U OFF [ ] DO[2] U OFF [ ] DO[3] U OFF [ ] DO[4] U OFF [ ] DO[5] U OFF [ ] DO[6] U OFF [ ] DO[7] U OFF [ ] DO[8] U OFF [ ] DO[9] U OFF [ ] [TYPE] CONFIG IN/OUT ON OFF ```
5	要进行输入/输出画面的切换，按 F3"IN/OUT"	[TYPE] CONFIG IN/OUT **F3**
6	要进行 I/O 分配，按 F2"CONFIG"（分配）	[TYPE] CONFIG IN/OUT **F2**

7	要返回到一览画面，按 F2 "MONITOR"（一览）	```
		I/O Digital Out JOINT 10 %
		  # RANGE RACK SLOT START STAT.
		  1 DO[1- 20] 0 1 21 ACTIV
		  2 DO[21-512] 0 0 0 UNASG
		
		[TYPE] MONITOR IN/OUT DELETE HELP
		``

8	输入/输出分配画面的操作：①将光标指向"RANGE"（范围），输入进行分配的信号范围；②根据所输入的范围，自动分配行；③在" RACK"（机架）、"SLOT"（插槽）、"START"（开始点）中输入适当值；④输入正确值时，"STAT."（状态）中显示"PEND"，设定不正确时，"STAT."中显示"INVAL"	（1）"RACK"（机架）：表示构成输入/输出模块硬件的种类,0表示处理 I/O 印刷电路板,1~16 表示 I/O 单元 MODEL A/B；"SLOT"（插槽）：是指构成机架 I/O 模块部件的编号；"START"（开始点）：对应于软件端口的 I/O 设备起始管脚。 （2）"STAT."的含义如下： ①ACTIV:当前正使用该分配； ②PEND:已正确分配,重新通电时成为 ACTIV； ③INVAL:设定有误； ④UNASG:尚未分配。 注意:在连接处理I/O印制电路板的情况下,标准情况下第一块的 18 个输入、20 个输出设定在外围设备的输入/输出（UI/UO）中,因此第一块板的输入开始点（START）为 19,输出开始点为 21

（续）

步骤	操作方法	操作提示
| 9 | 按 F2"MONITOR"键,返回到一览画面 | ```
I/O Digital Out          JOINT  30 %
      #  SIM STATUS
   DO[   1]  U   OFF  [DT SIGNAL 1 ]
   DO[   2]  U   OFF  [DT SIGNAL 2 ]
   DO[   3]  U   OFF  [DT SIGNAL 3 ]
   DO[   4]  U   OFF  [DT SIGNAL 4 ]
 [ TYPE ] MONITOR IN/OUT  DETAIL   HELP >
``` |
| 10 | 若要进行输入/输出的属性设定,按"NEXT"（下一页）,再按下一页上的 F4"DETAIL"（详细） | DETAIL   HELP >
 F4 |
| 11 | 显示数字输入/输出详细画面,输入注释（Comment）。若要返回一览画面,按 PREV（返回）键,若要设定条目,将光标指向设定栏,选择功能键菜单 | ```
I/O Digital Out          JOINT  10 %
Port Detail                       1/3

   Digital Output: [    1]

 1 Comment : [                    ]

 2     Polarity : NORMAL

 3 Complementary : FALSE    [   1 -   2]



 [ TYPE ]  PRV-PT  NXT-PT
``` |
| 12 | 要进行下一个数字输入/输出组的设定,按 F3"NEXT"（下一页） | [TYPE] PREV NEXT
 F3 |
| 13 | 设定结束后,按"PREV"键,返回一览画面 | ```
I/O Digital Out          JOINT  30 %
                                  3/32
 #      RANGE    RACK  SLOT  START
 1   DO[  1-  8] 0      1     21
 2   DO[  9- 16] 0      1     29
 3   DO[ 17- 24] 0      1     37
 4   DO[ 25- 32] 0      2      1
 [ TYPE ] MONITOR IN/OUT  DETAIL   HELP >
``` |
| 14 | 要使设定有效,断电并重新上电 | |

2. 组输入/输出信号

所谓组输入/输出信号（GI/GO）也就是可以将 2~16 个信号作为一组来进行定义。组信号的值用 10 进制数或 16 进制数来表示。分配组输入/输出信号的操作步骤如表 3-2 所示。
```

表 3-2　组输入/输出信号的分配

步骤	操作方法	操作提示
1	按下"MENUS"按键,显示画面菜单	**MENUS**
2	选择"5 I/O"	**4 ALARM** **5 I/O** **6 SETUP**
3	按下 F1"TYPE"（画面）,显示画面切换菜单	**Group**　**[TYPE]** **F1**
| 4 | 选择"Group"（组）,出现组一览画面 | ```
I/O Group Out                    JOINT   30 %
         #   SIM VALUE
GO[   1]  *        0 [           ]
GO[   2]  *        0 [           ]
GO[   3]  *        0 [           ]
GO[   4]  *        0 [           ]
GO[   5]  *        0 [           ]
GO[   6]  *        0 [           ]
GO[   7]  *        0 [           ]
GO[   8]  *        0 [           ]
GO[   9]  *        0 [           ]
GO[  10]  *        0 [           ]
[ TYPE ] CONFIG  IN/OUT SIMULATE UNSIM
``` |
| 5 | 要进行输入/输出画面的切换,按 F3"IN/OUT" | [TYPE] CONFIG IN/OUT
F3 |
| 6 | 要进行 I/O 分配,按 F2"CONFIG"（分配） | [ TYPE ] CONFIG  IN/OUT<br>**F2**<br><br>```
I/O Group Out                 JOINT   30 %
GO #   RACK   SLOT   START PT   NUM PTS
 1      0      0        0          0
 2      0      0        0          0
 3      0      0        0          0
 4      0      0        0          0
 5      0      0        0          0
 6      0      0        0          0
 7      0      0        0          0
 8      0      0        0          0
 9      0      0        0          0
[ TYPE ] MONITOR IN/OUT  DETAIL   HELP >
``` |

（续）

步骤	操作方法	操作提示
7	要返回到一览画面,按 F2 "MONITOR" (一览)	[TYPE] MONITOR IN/OUT **F2**
8	要分配信号,将光标指向各条目处,输入数值	"RACK"(机架):表示构成输入/输出模块硬件的种类,0 表示处理 I/O 印制电路板,1~16 表示 I/O 单元 MODEL A/B;"SLOT"(插槽):是指构成机架 I/O 模块部件的编号;"START PT"(开始点):指定分配信号的最初物理编号;"NUM PTS"(信号数):指分配给一个组的信号数量,取值范围:2~16
9	若要进行输入/输出属性设定,在一览画面上按"NEXT"(下一页),再按下一页上 F4 "DETAIL"(详细)	IN/OUT DETAIL HELP > **F4**
10	显示组输入/输出详细画面,输入"注释"(Comment)。若要返回一览画面,按 PREV 键,若要设定条目,将光标指向设定栏,按下功能键	I/O Group Out JOINT 10 % Port Detail 1/1 　　　Group Output: [1] 　　1 Comment : [　　　　　　　　　　　] [TYPE] PRV-PT NXT-PT
11	设定结束后,按"PREV"键,返回一览画面	PREV
12	要使设定有效,断电并重新上电	

3. 模拟输入/输出信号

模拟输入/输出信号（AI/AO）是外围设备通过处理 I/O 印制电路板（或 I/O 单元）输入/输出的模拟电压值，如图 3-4 所示。模拟输入/输出接口的针脚分布详见处理 I/O 印制电

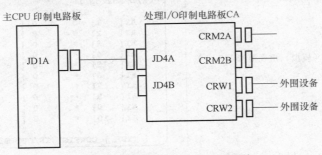

图 3-4　模拟输入/输出信号的连接

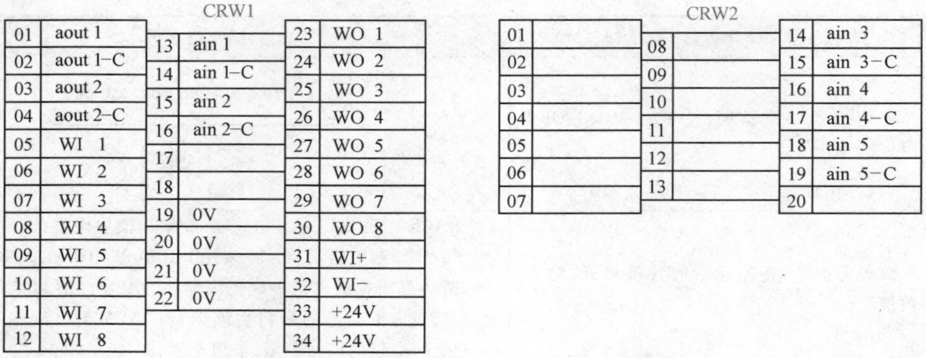

CRW1

01	aout 1					23	WO 1
02	aout 1-C	13	ain 1			24	WO 2
03	aout 2	14	ain 1-C			25	WO 3
04	aout 2-C	15	ain 2			26	WO 4
05	WI 1	16	ain 2-C			27	WO 5
06	WI 2	17				28	WO 6
07	WI 3	18				29	WO 7
08	WI 4	19	0V			30	WO 8
09	WI 5	20	0V			31	WI+
10	WI 6	21	0V			32	WI-
11	WI 7	22	0V			33	+24V
12	WI 8					34	+24V

CRW2

01				14	ain 3
02		08		15	ain 3-C
03		09		16	ain 4
04		10		17	ain 4-C
05		11		18	ain 5
06		12		19	ain 5-C
07		13		20	

图 3-5　处理 I/O 印制电路板的 CRW1、CRW2 接口

路板的 CRW1、CRW2 接口，如图 3-5 所示，图中 ain∗-C 表示 ain∗ 的公共信号线，∗表示数字 1、2、3、4、5。

通过模拟输入/输出信号的分配可对模拟专用信号线的物理编号进行再定义，具体操作步骤如表 3-3 所示。

表 3-3　模拟输入/输出信号的分配

步骤	操作方法	操作提示
1	按下"MENUS"按键,显示画面菜单	 MENUS
2	选择"5 I/O"	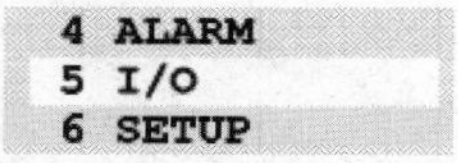 4 ALARM 5 I/O 6 SETUP
3	按下 F1"TYPE"（画面）,显示画面切换菜单	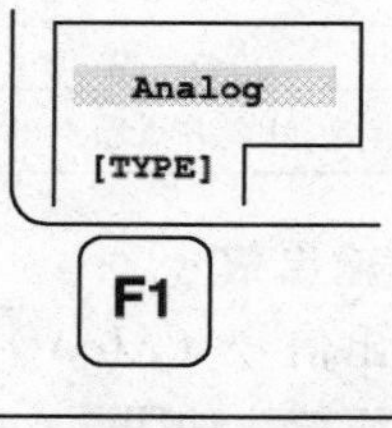 Analog [TYPE] F1
4	选择"Analog"（模拟）,出现模拟 I/O 一览画面	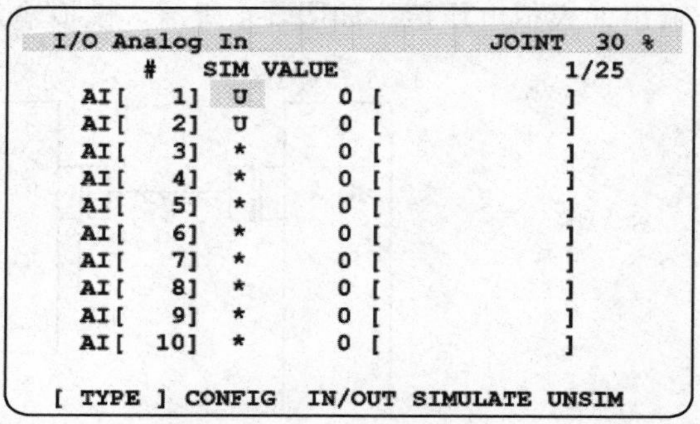 I/O Analog In　　　　JOINT 30 % 　# SIM VALUE　　　1/25 AI[1] U　0 [　　] AI[2] U　0 [　　] AI[3] ∗　0 [　　] AI[4] ∗　0 [　　] AI[5] ∗　0 [　　] AI[6] ∗　0 [　　] AI[7] ∗　0 [　　] AI[8] ∗　0 [　　] AI[9] ∗　0 [　　] AI[10] ∗　0 [　　] [TYPE] CONFIG IN/OUT SIMULATE UNSIM

（续）

步骤	操作方法	操作提示
5	要进行输入/输出画面的切换,按 F3" IN/OUT"	[TYPE] CONFIG　IN/OUT F3
6	要进行 I/O 分配,按 F2"CONFIG"(分配)	[TYPE] CONFIG　IN/OUT F2 I/O Analog In　　　　　JOINT　30 % 　　　　　　　　　　　　　　1/25 AI #　RACK　SLOT　CHANNEL 1　　　0　　　1　　　1 2　　　0　　　1　　　2 3　　　0　　　0　　　0 4　　　0　　　0　　　0 5　　　0　　　0　　　0 6　　　0　　　0　　　0 7　　　0　　　0　　　0 8　　　0　　　0　　　0 9　　　0　　　0　　　0 [TYPE] MONITOR IN/OUT　DETAIL　HELP >
7	要返回到一览画面,按 F2 " MONITOR" (一览)	[TYPE] MONITOR IN/OUT F2
8	要分配信号,将光标指向各条目处,输入数值	"RACK"(机架):表示构成输入/输出模块硬件的种类,0 表示处理 I/O 印制电路板,1~16 表示 I/O 单元 MODEL A/B;"SLOT"(插槽):是指构成机架 I/O 模块部件的编号;" CHANNEL"(通道):为进行信号线的映射而将物理编号分配给逻辑编号,物理编号指定 I/O 模块上的输入/输出引脚
9	在一览画面上按"NEXT"(下一页),再按下一页上 F4"DETAIL",出现模拟 I/O 详细画面	IN/OUT　DETAIL　　HELP > F4
10	输入"注释"(Comment)。若要返回一览画面,按"PREV"键,若要设定条目,将光标指向设定栏,按下功能键菜单	I/O Analog Out　　　　JOINT　10 % Port Detail　　　　　　　1/1 　　Analog Output: [　　1] 　1 Comment : [　　　　　　　　　] [TYPE]　PRV-PT　NXT-PT

49

（续）

步骤	操作方法	操作提示
11	设定结束后,按"PREV"键,返回一览画面	 PREV
12	要使设定有效,断电并重新上电	

二、专用输入/输出信号

FANUC 工业机器人有三类专用输入/输出信号,即:外部 I/O 信号、机器人 I/O 信号与操作面板 I/O 信号。其中外部 I/O 信号又称外围设备 I/O 信号,是系统中已经确定了其用途的专用信号;机器人 I/O 信号是经由机器人作为末端执行器 I/O 而使用的信号;而操作面板 I/O 信号则用来进行操作面板上按钮和 LED 状态数据交换的专用信号。

1. 外围设备 I/O 信号（UI/UO）

在连接处理 I/O 印制电路板的情况下,外围设备 I/O 信号已被自动分配给第一块处理 I/O 印制电路板的信号线,如图 3-2 所示。在连接 I/O 单元 MODEL A/B 的情况下,才需要进行外围设备 I/O 的分配。下文所述的外围 I/O 信号地址都是针对处理 I/O 印制电路板的情形。

外围设备 I/O 信号的标准设定如图 3-6 所示,物理编号指定 I/O 模块上的输入/输出引脚,为进行信号线的映射而将物理编号分配给逻辑编号,例如:CRM2A 接口中的 in1 为针脚 1,UI1 是其逻辑编号,对应于外围设备急停指令（＊IMSTP）的输入;in2 为针脚 2,UI2 是其逻辑编号,对应于外围设备暂停指令（＊HOLD）的输入,上述信号均是低电平有效。有关外围设备 I/O 信号的具体说明详见表 3-4、表 3-5。

物理编号	逻辑编号	外围设备输入	物理编号	逻辑编号	外围设备输出
in 1	UI 1	*IMSTP	out 1	UO 1	CMDENBL
in 2	UI 2	*HOLD	out 2	UO 2	SYSRDY
in 3	UI 3	*SFSPD	out 3	UO 3	PROGRUN
in 4	UI 4	CSTOPI	out 4	UO 4	PAUSED
in 5	UI 5	FAULT RESET	out 5	UO 5	HELD
in 6	UI 6	START	out 6	UO 6	FAULT
in 7	UI 7	HOME	out 7	UO 7	ATPERCH
in 8	UI 8	ENBL	out 8	UO 8	TPENBL
in 9	UI 9	RSR1/PNS1	out 9	UO 9	BATALM
in 10	UI 10	RSR2/PNS2	out 10	UO 10	BUSY
in 11	UI 11	RSR3/PNS3	out 11	UO 11	ACK1/SNO1
in 12	UI 12	RSR4/PNS4	out 12	UO 12	ACK2/SNO2
in 13	UI 13	RSR5/PNS5	out 13	UO 13	ACK3/SNO3
in 14	UI 14	RSR6/PNS6	out 14	UO 14	ACK4/SNO4
in 15	UI 15	RSR7/PNS7	out 15	UO 15	ACK5/SNO5
in 16	UI 16	RSR8/PNS8	out 16	UO 16	ACK6/SNO6
in 17	UI 17	PNSTROBE	out 17	UO 17	ACK7/SNO7
in 18	UI 18	PROD START	out 18	UO 18	ACK8/SNO8
in 19	UI 19		out 19	UO 19	SNACK
in 20	UI 20		out 20	UO 20	RESERVED

图 3-6 外围设备 I/O 信号的标准设定

表 3-4　外围设备输入信号（UI）一览表

序号	信号名称	信号地址	信号说明
1	*IMSTP	UI[1]	瞬时停止信号，始终有效。通过软件发出急停指令，一般情况下该信号为 ON
2	*HOLD	UI[2]	暂停信号，始终有效。从外部装置发出暂停指令，一般情况下该信号为 ON
3	*SFSPD	UI[3]	安全速度信号，始终有效。在安全防护栅栏门开启时使机器人暂停。一般情况下该信号为 ON
4	CSTOPI	UI[4]	循环停止信号，始终有效。结束当前执行中的程序。与系统设定画面中"CSTOPI for ABORT"设定有关，通过 RSR 解除处在待命状态的程序
5	FAULT_RESET	UI[5]	报警解除信号，始终有效。在默认设定下，该信号断开时发挥作用
6	START	UI[6]	外部启动信号，遥控状态时有效*。信号下降沿时启用
7	ENBL	UI[8]	动作允许信号，始终有效。允许机器人动作，该信号为 OFF 时，禁止基于 JOG 进给的机器人动作以及包含动作组程序的启动
8	RSR1~8	UI[9~16]	机器人启动请求信号，遥控状态时有效。接收到一个该信号时，与该信号对应的 RSR 程序被选择而启动；若其他程序处在执行中或暂停中时，所选程序则加入等待行列
9	PNS1~8，PNSTROBE	UI[9~16]，UI[17]	PNS 是程序编号选择信号，PNSTROBE 是 PNS 选通信号，遥控状态时有效。控制器接收到 PNSTROBE 输入时，读出 PNS1~8 输入，选择要执行的程序；其他程序处在执行中或暂停时，忽略此信号
10	PROD_START	UI[18]	自动运转启动信号，遥控状态时有效。信号下降沿时启用，从第一行开始启动当前所选程序（程序可由 PNS 选择或示教盒选择）

注：遥控状态是指遥控条件成立时的状态，具体操作时要确保示教盒有效开关断开；遥控信号 SI [2] 为 ON；*SFSPD 输入为 ON；ENBL 输入为 ON；系统变量 $RMT_MASTER 为 0。

表 3-5　外围设备输出信号（UO）一览表

序号	信号名称	信号地址	信号说明
1	CMDENBL	UO[1]	可接受输入信号。该信号为 ON 时表示可从程控装置启动包含动作组的程序
2	SYSRDY	UO[2]	系统准备就绪信号。该信号在伺服电源接通时输出
3	PROGRUN	UO[3]	程序执行中信号。程序执行过程中，该信号输出，程序暂停时，该信号不输出
4	PAUSED	UO[4]	暂停中信号。在程序处于暂停中而等待再启动时的状态输出
5	HELD	UO[5]	保持中信号。在输入 HOLD（UI[2]）信号或按下 HOLD 按钮时该信号输出
6	FAULT	UO[6]	报警信号。在系统发生报警时输出。可通过 FAULT_RESET 输入解除报警
7	ATPERCH	UO[7]	基准点信号。在机器人处在预先确定的参考位置（第 1 基准点）时输出
8	TPENBL	UO[8]	示教盒有效信号。当示教盒有效开关为 ON 时输出
9	BATALM	UO[9]	电池异常信号。当控制装置或机器人本体脉冲编码器的后备电池电压下降时输出
10	BUSY	UO[10]	处理中信号。当程序执行中或通过示教盒进行作业处理时该信号输出
11	ACK1~8	UO[11~18]	RSR 接收确认信号。接收到 RSR 输入时，作为确认而输出的脉冲信号
12	SNO1~8	UO[11~18]	选择程序编号信号。作为确认以二进制代码方式输出当前所选的程序编号（PNS1~8 输入的信号）
13	SNACK	UO[19]	PNS 接收确认信号。接收到 PNS 输入时，作为确认输出的脉冲信号

工业机器人操作与编程技术（FANUC）

2. 机器人 I/O 信号（RI/RO）

机器人 I/O 信号是经由主 CPU 印制电路板，与机器人连接并执行相关处理的机器人数字信号，具体包括：机械手断裂信号（＊HBK）、气压异常信号（＊PPABN）、超程信号（＊ROT）以及末端执行器最多 8 个输入 8 个输出的通用信号（RI［1~8］、RO［1~8］）等，图 3-7 为机器人 M-10iA 机构部与末端执行器之间的连接图。根据机器人机型不同，其末端执行器 I/O 的通用输入/输出信号数也不相同。

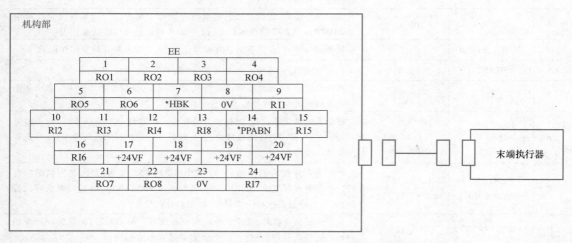

图 3-7　M-10iA 机构部与末端执行器之间的连接图

3. 操作面板 I/O 信号（SI/SO）

操作面板 I/O 信号是用来进行操作面板按钮与 LED 状态数据交换的数字专用信号。用户不能对操作面板 I/O 信号编号进行再定义。标准情况下已经定义了 16 个输入信号与 16 个输出信号，如图 3-8 所示。操作面板 I/O 信号的具体说明详见表 3-6、表 3-7。

逻辑编号	操作面板输入
SI 0	
SI 1	FAULT_RESET
SI 2	REMOTE
SI 3	*HOLD
SI 4	USER#1
SI 5	USER#2
SI 6	START
SI 7	

逻辑编号	操作面板输出
SO 0	REMOTE LED
SO 1	CYCLE START
SO 2	HOLD
SO 3	FAULT LED
SO 4	BATTERY ALARM
SO 5	USER#1
SO 6	USER#2
SO 7	TPENBL

图 3-8　操作面板 I/O 信号的标准设定

表 3-6　操作面板输入信号（SI）一览表

序号	信号名称	信号地址	信号说明
1	FAULT_RESET	SI[1]	报警解除信号,用于解除报警。伺服电源断开时,通过 RESET 信号接通电源
2	REMOTE	SI[2]	遥控信号,用来进行系统的遥控方式与本地方式的切换。操作面板上无此按键,需通过系统设定菜单"Remote/Local setup"进行设定

（续）

序号	信号名称	信号地址	信号说明
3	*HOLD	SI[3]	暂停信号,用来发出程序暂停的指令。操作面板上无此按键
4	USER#1/ #2	SI[4]/SI[5]	用户定义键
5	START	SI[6]	启动信号,可启动示教盒所选的程序。在操作面板有效时生效

表 3-7　操作面板输出信号（SO）一览表

序号	信号名称	信号地址	信号说明
1	REMOTE	SO[0]	遥控信号,在遥控条件成立时输出。操作面板不提供该信号
2	BUSY	SO[1]	处理中信号,在程序执行中或执行文件传输等处理时输出。操作面板不提供该信号
3	HELD	SO[2]	保持信号,在按下 HOLD 按钮或输入 HOLD(UI[2])信号时输出。操作面板不提供该信号
4	TPENBL	SO[7]	示教盒有效信号,在示教盒有效开关处在 ON 时输出。操作面板不提供该信号

第二节　输入/输出信号的接线与控制

一、数字输入/输出信号的接线

处理 I/O 印制电路板与外围设备数字信号、模拟信号连接框图分别如图 3-1、图 3-4 所示。下面给出外围设备接口的数字输入/输出信号规格与连接实例。

1. 外围设备输入接口信号规格

使用时需注意供给接收器的电压应使用机器人侧的+24V 电源,额定输入电压范围为 20~28V,输入阻抗约为 3.3kΩ,响应时间为 5~20ms,输入信号通断的有效时间应在 200ms 以上,输入侧的连接示例如图 3-9 所示。图 3-10 为处理 I/O 印制电路板 CA 的端口 CRM2A 与外围设备数字输入接线图,图中用于公共切换的设定插脚（ICOM1）与 0V 端相连,+24V 电源来自于机器人侧。

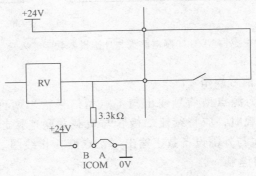

图 3-9　外围设备输入接口连接示例

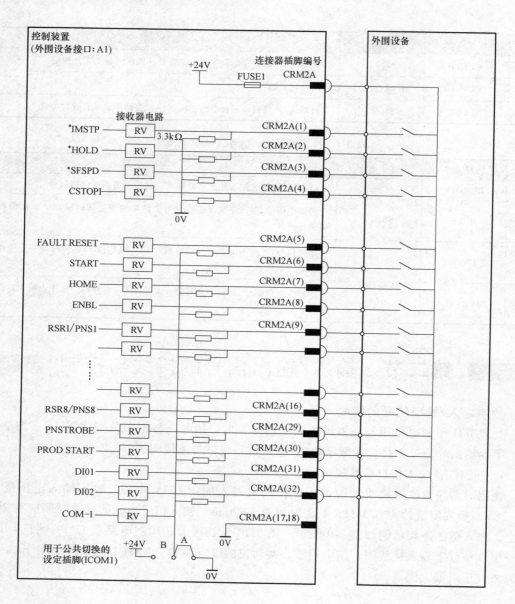

图 3-10　处理 I/O 印制电路板与外围设备数字输入接线图

2. 外围设备输出接口信号规格

外围设备输出接口分为源点型信号输出与汇点型信号输出两种情形，如图 3-11 所示。使用继电器、电磁阀等负载时，应将续流二极管与负载并联连接起来。图 3-12 为处理 I/O 印制电路板的端口 CRM2A 与外围设备数字输出（汇点型）接线图。

二、数字输出信号的强制控制

输出信号的强制控制一般用于外部设备的手动强制输出（ON）或强制关闭（OFF）。以数字输出信号 DO ［1］的控制为例，其输出控制的操作步骤详见表 3-8。

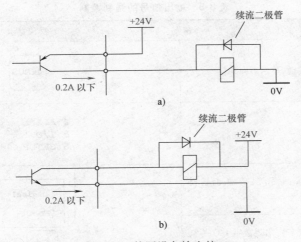

图 3-11　外围设备输出接口

a) 源点型信号输出　b) 汇点型信号输出

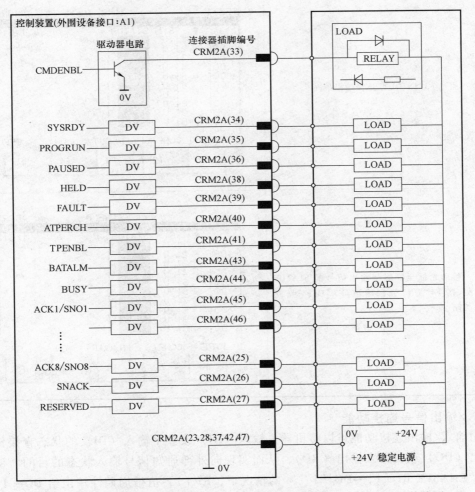

图 3-12　处理 I/O 印制电路板的端口与外围设备数字输出（汇点型）接线图

表 3-8　输出信号的强制控制

步骤	操作方法	操作提示
1	按下"MENUS"按键，显示画面菜单	MENUS
2	选择"5 I/O"	4 ALARM 5 I/O 6 SETUP
3	按下 F1"TYPE"（画面），显示画面切换菜单	Digital [TYPE] F1
4	选择"Digital"（数字），出现数字 I/O 一览画面	
5	通过 F3"IN/OUT"选择输出画面	TEST1　　　　　LINE 0　　　　ABORTED I/O Digital Out　　　　JOINT 100 % 　#　SIM STATUS　　　1/512 DO[1] U OFF [ ] DO[2] U OFF [ ] DO[3] U OFF [ ] DO[4] U OFF [ ] DO[5] U OFF [ ] DO[6] U OFF [ ] DO[7] U OFF [ ] DO[8] U OFF [ ] DO[9] U OFF [ ] DO[10] U OFF [ ] [TYPE] CONFIG IN/OUT ON OFF > Prev F1 F2 F3 F4 F5 N
6	移动光标至要强制输出信号的 STATUS 处，按 F4"ON"强制输出，F5"OFF"强制关闭	TEST1　　　　　LINE 0　　　　ABORTED I/O Digital Out　　　　JOINT 100 % 　#　SIM STATUS　　　1/512 DO[1] U ON [ ] DO[2] U OFF [ ] DO[3] U OFF [ ] DO[4] U OFF [ ] DO[5] U OFF [ ] DO[6] U OFF [ ] DO[7] U OFF [ ] DO[8] U OFF [ ] DO[9] U OFF [ ] DO[10] U OFF [ ] [TYPE] CONFIG IN/OUT ON OFF > Prev F1 F2 F3 F4 F5 N

三、输入/输出信号连接功能

应用输入/输出连接功能可以将机器人输入（RI）或数字输入（DI）的状态直接传送至数字输出（DO）或机器人输出（RO），从而实现向外部通知信号输入状态的目的。例如在设定了"ENABLE RI［1］→DO［1］"的情况下，RI［1］值被周期性输出给 DO［1］，因此当 RI［1］为 ON 时，DO［1］也为 ON。I/O 连接功能的设定详见表 3-9。

表 3-9 输入/输出连接功能的设定

步骤	操作方法	操作提示
1	按下"MENUS"按键,显示画面菜单	MENUS
2	选择"5 I/O"	4 ALARM 5 I/O 6 SETUP
3	按下 F1"TYPE"(画面),显示画面切换菜单	Interconnect TYPE F1
4	选择"INTERCONNECT"(RI → DO 连接),出现 RI→DO 连接设定画面	INTERCONNECT　　　　　JOINT 100% 　　　　　　　　　　　　　　1/8 No.　Enb/Disabl　INPUT　　OUTPUT 1　ENABLE　　RI [1] → DO [0] 2　DISABLE　　RI [2] → DO [0] 3　DISABLE　　RI [3] → DO [0] 4　DISABLE　　RI [4] → DO [0] 5　DISABLE　　RI [5] → DO [0] 6　DISABLE　　RI [6] → DO [0] 7　DISABLE　　RI [7] → DO [0] 8　DISABLE　　RI [8] → DO [0] [TYPE]　　　[SELECT] ENABLE DISABLE
5	按下 F3"SELECT"(切换)	1 RI → DO 2 DI → RO 3 DI → DO [TYPE]　　　SELECT
6	将光标指向希望的条目后按"ENTER",也可通过数字键选择条目编号。图中实现 DI→RO 的连接设定	INTERCONNECT　　　　　JOINT 100% 　　　　　　　　　　　　　　1/8 No.　Enb/Disabl　INPUT　　OUTPUT 1　ENABLE　　DI [0] → RO [1] 2　DISABLE　　DI [0] → RO [2] 3　DISABLE　　DI [0] → RO [3] 4　DISABLE　　DI [0] → RO [4] 5　DISABLE　　DI [0] → RO [5] 6　DISABLE　　DI [0] → RO [6] 7　DISABLE　　DI [0] → RO [7] 8　DISABLE　　DI [0] → RO [8] [TYPE]　　　[SELECT] ENABLE DISABLE

四、数字输入/输出信号的仿真功能

利用输入/输出信号仿真功能可以在外部设备尚未与机器人连接的情况下，检测输入/输出语句的功能。这一功能方便了机器人的单机调试，能有效缩短机器人与外围设备的联机调试时间。输入/输出信号的功能仿真操作时，前四步与表3-8"输出信号的强制控制"相同，其余步骤详见表3-10。

表 3-10　输入/输出信号的功能仿真

步骤	操作方法	操作提示
1~4	见表3-8前四步	见表3-8前四步
5	通过 F3"IN/OUT"选择输入/输出画面	[TYPE] CONFIG IN/OUT F3
6	将光标移至仿真输入信号的 SIM	TEST1　　　　　LINE 0　　　　ABORTED I/O Digital In　　　　　JOINT 100 % 　　　#　　SIM STATUS　　　　23/512 DI[　18] U　　ON　[　　　　　　] DI[　19] U　　ON　[　　　　　　] DI[　20] U　　OFF　[　　　　　] DI[　21] U　　OFF　[　　　　　] DI[　22] U　　OFF　[　　　　　] DI[　23] U　　OFF　[　　　　　] DI[　24] U　　ON　[　　　　　　] DI[　25] U　　OFF　[　　　　　] DI[　26] U　　OFF　[　　　　　] DI[　27] U　　OFF　[　　　　　] [TYPE] CONFIG IN/OUT ON OFF > Prev　F1　F2　F3　F4　F5　Ne
7	按 F4"SIMULATE"仿真输入，F5"UNSIM"取消仿真输入	TEST1　　　　　LINE 0　　　　ABORTED I/O Digital In　　　　　JOINT 100 % 　　　#　　SIM STATUS　　　　19/512 DI[　18] U　　ON　[　　　　　　] DI[　19] S　　ON　[　　　　　　] DI[　20] U　　OFF　[　　　　　] DI[　21] U　　OFF　[　　　　　] DI[　22] U　　OFF　[　　　　　] DI[　23] U　　OFF　[　　　　　] DI[　24] U　　ON　[　　　　　　] DI[　25] U　　OFF　[　　　　　] DI[　26] U　　OFF　[　　　　　] DI[　27] U　　OFF　[　　　　　] [TYPE] CONFIG IN/OUT SIMULATE UNSIM > Prev　F1　F2　F3　F4　F5　Ne
8	将光标移至"STATUS"项，按 F4"ON"、F5"OFF"切换信号状态	[TYPE] CONFIG IN/OUT ON > Prev　F1　F2　F3　F4　F5　Next

机器人仿真跳过功能（Skip when simulated）是在执行了基于待命指令的情况下，检测出超时时自动取消待命指令的功能。仿真跳过功能设置时，应在输入信号的详细画面上，将光标指向"Skip when simulated"并使之有效。值得注意的是，"输入/输出信号仿真设定"以及"仿真跳过功能"，应限定在测试运转中的临时使用，不能在生产线运转中使用。可通过辅助菜单"UNSIM ALL I/O"项来解除所有的 I/O 仿真。

习　　题

1. 机器人输入/输出信号分为哪几种？
2. 简述数字输入/输出信号、组输入/输出信号与模拟输入/输出信号的一般分配步骤。
3. 简述常用的外围输入/输出信号的名称、地址与功能。
4. 机器人输入/输出信号有哪些？
5. 操作面板输入/输出信号有哪些？
6. 简述外围设备数字输入/输出接口信号的连接方法。
7. 简述输出信号强制控制的操作方法。
8. 数字输入/输出信号是如何实现功能仿真的？

第四章 机器人功能设定与调校

第一节 机器人常用功能设定

一、机器人系统设定

　　FANUC 机器人系统配置菜单上列出了系统设定的重要项，包括停电处理（Use HOT START）、通电启动程序（Autoexec program for Cold/Hot start）、气压异常检测（Use PPABN signal）、机械手断裂检测（Hand broken）、远程/本地设定（Remote/Local setup）等，如图 4-1 所示。表 4-1 为系统配置画面调用与设定的操作步骤，有关配置项的详细说明参见表 4-2。

表 4-1　机器人系统配置画面调用与设定

步骤	操作方法	操作提示
1	按下"MENUS"按键，显示画面菜单	MENUS
2	选择下一页上的"6 SYSTEM"	5 POSITION 6 SYSTEM 7
3	按下 F1"TYPE"（画面），显示画面切换菜单	Config TYPE
4	选择"Config"（系统配置），出现系统配置画面	
5	将光标指向设定项，输入新值并确认	在进行气压异常检测、机械手断裂以及标准指令设定的情况下，将光标指向<＊GROUP＊>或<＊DETAIL＊>后确认，将进入相应画面，按 PREV 键可退出上述画面的设定
6	有些项的生效需要执行电源的冷启动，则应断电再开机	Please power on again [TYPE]

```
System/Config                    JOINT 30%
                                      1/37
 1 Use HOT START:               FALSE
 2 I/O power fail recovery: RECOVER ALL
 3 Autoexec program           [********]
        for Cold start:
 4 Autoexec program           [********]
        for Hot start:
 5 HOT START done signal:       DO[0]
 6 Restore selected program:    TRUE
 7 Enable UI signals :          TRUE
 8 START for CONTINUE only :    FALSE
 9 CSTOPI for ABORT :           FALSE
10 Abort all programs by CSTOPI : FALSE
11 PROD_START depend on PNSTROBE :FALSE
12 Detect FAULT_RESET signal :   FALL
13 Use PPABN signal :          <*GROUPS*>
14 WAIT timeout :               30.00 sec
15 RECEIVE timeout :            30.000 sec
16 Return to top of program :    TRUE
17 Original program name (F1) : [PRG    ]
18 Original program name (F2) : [MAIN   ]
19 Original program name (F3) : [SUB    ]
20 Original program name (F4) : [TEST   ]
21 Original program name (F5) : [******]
22 Default logical command :  <*DETAIL*>
23 Maximum of ACC instruction :  150
24 Minimum of ACC instruction :  0
25 WJNT for default motion :    ******
26 Auto display of alarm menu :  FALSE
27 Force Message :              ENABLE
28 Reset CHAIN FAILURE detection : FALSE
29 Allow Force I/O in AUTO mode : TRUE
30 Allow chg. ovrd. in AUTO mode : TRUE
31 Signal to set in AUTO mode DOUT [ 0]
32 Signal to set in T1 mode DOUT  [ 0]
33 Signal to set in T2 mode DOUT  [ 0]
34 Signal to set if E-STOP DOUT   [ 0]
35 Set if INPUT SIMULATED        DO[0]
36 Sim. Input Wait Delay       0.00 sec
37 Set if Sim. Skip Enabled      DO[0]
38 Set if OVERRIDE=100           DO[0]
39 Hand broken :               <*GROUPS*>
40 Remote / Local setup :       Remote
41 External I/O (ON : Remote) : DI [ 0]
42 UOP auto assignment          Full
43 Multi Program Selection      FALSE

[TYPE]                        [CHOICE]
```

图 4-1　FANUC 机器人系统配置菜单

表 4-2　系统配置项的功能说明

序号	配置项	功能说明
1	Use HOT START(停电处理)	将停电处理置于有效(TRUE)时,通电时执行停电处理(热启动)。标准设定为无效(FALSE)

61

（续）

序号	配置项	功能说明
2	I/O Power fail recovery（停电处理中的 I/O）	指定停电处理有效（TRUE）时的 I/O 的恢复，分为四种情况：①NOT RECOVER（不予恢复 I/O）②RECOVER SIM（恢复仿真状态）③UNSIMULATE（通过停电处理恢复 I/O 的输出状态，仿真状态全被解除）④RECOVER ALL（通过停电处理恢复 I/O）
3	Autoexec program for Cold start（停电处理无效时的自动启动程序）	设定在停电处理有效（或无效）情况下通电时自动启动的程序名。执行前面通电后所指定的程序
4	Autoexec program for Hot start（停电处理有效时的自动启动程序）	
5	HOT START done signal（停电处理确认信号）	指定在进行了通电处理的情况下通电时将被输出的数字信号（DO），若设为 0，本功能无效
6	Restore selected program（所选程序的调用）	指定再次通电后是否选择电源断开时所选择的程序，标准设定为 TRUE
7	Enable UI signals（专用外部信号使能）	进行专用外部信号的有效/无效切换，若将其设为 FALSE 时，将忽略外围设备输入信号（UI），标准设定为 TRUE
8	START for CONTINUE only（再启动专用）	将再启动专用（外部启动 UI[6]）设定为有效时，外部启动信号只启动处在暂停状态下的程序
9	CSTOPI for ABORT（CSTOPI 下程序强制结束）	CSTOPI（循环停止 UI[4]）下程序强制结束设为有效时，CSTOPI 输入时立即强制结束当前执行中的程序
10	Abort all programs by CSTOPI（CSTOPI 程序全部结束）	在多任务环境下，指定是否通过 CSTOPI 信号来强制结束全部程序。标准设定为 FALSE，CSTOPI 输入信号仅强制结束当前所选程序
11	PROD_START depend on PNSTROBE（确认信号格式 PROD_START）	将带有确认信号的 PROD_START 置于有效（TRUE）时，PROD_START（自动运转启动 UI[18]）输入只有在 PNSTROBE 处在 ON 时才有效
12	Detect FAULT_RESET signal（复位信号检测）	指定是在信号的上升沿还是下降沿检测复位信号，标准设定为检测下降沿（FALL）
13	Use PPABN signal（气压异常检测）	对每一运动组指定气压异常（*PPABN）检测的有效/无效，标准设定为无效
14	WAIT timeout（待命指令超时时间）	待命指令（WAIT）的超时时间，标准设定为 30s
15	RECEIVE timeout（接收指令超时时间）	接收指令超时时间，设定寄存器接收指令（RCV）中使用的限制时间
16	Return to top of program（程序结束后反绕）	指定程序结束后是否将光标指向程序的开始，标准设定为 TRUE
17	Original program name（程序名的登录字）	指定创建程序时在创建画面软键（F1~F5）所显示的字，为设定程序名提供方便
18	Default logical command（标准指令的设定）	光标指向标准指令设定状态下按确认键，可进入标准指令功能键的设定画面
19	Maximum of ACC instruction（加减速倍率指令上限值）	指定加减速倍率指令所指定倍率的上限值，标准设定为 150

（续）

序号	配置项	功能说明
20	Minimum of ACC instruction（加减速倍率指令下限值）	指定加减速倍率指令所指定倍率的下限值,标准设定为 0
21	WJNT for default motion（无标准动作姿势统一变更）	将 WJNT 动作附加指令统一追加（或删除）到直线或圆弧标准动作指令中
22	Auto display of alarm menu（报警画面自动显示）	设定报警画面的自动显示功能,标准设定为 FALSE
23	Force Message（消息自动画面切换）	在程序中执行了消息指令的情况下,设定是否自动显示用户画面
24	Reset CHAIN FAILURE detection（链条异常检测复位）	发生伺服 230、231 报警时解除报警
25	Allow Force I/O in AUTO mode（AUTO 方式下的信号设定）	在 AUTO 方式下是否可通过示教盒设定 I/O 信号,标准设定为 TRUE
26	Allow chg. ovrd. in AUTO mode（AUTO 方式下的速度改变）	在 AUTO 方式下是否可通过示教盒改变倍率,标准设定为 TRUE
27	Signal to set in AUTO mode（AUTO 方式信号）	三方式开关处于 AUTO 时,指定的输出点（DO）接通。设定为 0 时,本功能无效
28	Signal to set in T1 mode（T1 方式信号）	三方式开关处于 T1 时,指定的输出点（DO）接通。设定为 0 时,本功能无效
29	Signal to set in T2 mode（T2 方式信号）	三方式开关处于 T2 时,指定的输出点（DO）接通。设定为 0 时,本功能无效
30	Signal to set if E-STOP（急停输出信号）	执行急停（示教盒急停、操作面板急停）时,指定的输出点（DO）接通。设定为 0 时,本功能无效
31	Hand broken（机械手断裂）	设定机械手断裂检测的有效/无效,标准设定为 FALSE
32	Remote/Local setup（遥控/本地设定）	有四种选择：①Remote,遥控方式；②Local,本地方式；③External I/O,在下一行指定外部信号；④OP panel key,不能在 R-30iA 控制装置上选择
33	External I/O（ON：Remote）（指定使用的外部信号）	上一选项选择了"External I/O"时,本选项指定使用的外部信号（DI、DO、RI、RO、UI、UO）
34	Set if INPUT SIMULATED（输入仿真状态信号）	监视是否存在被设定为仿真状态的输入信号,并向输出信号输出
35	Sim. Input Wait Delay（仿真输入等待时间）	设定在仿真跳过功能有效时,待命指令超时之前的时间
36	Set if Sim. Skip Enabled（仿真跳过有效时的设定）	监视是否存在仿真跳过功能被设定为有效的输入信号,并作为输出信号输出
37	Set if OVERRIDE = 100（倍率 100 时输出信号）	在倍率 100%时设定信号输出为 ON
38	Multi Program Selection（多个程序选择）	设定在单任务与多任务之间切换程序选择方式,默认设定为无效

二、基准点设定

基准点通常是在机器人示教或手动操作中频繁使用的固定位置，如图4-2所示。在生产现场基准点一般设在机器人周边设备可动区域之外的安全位置，共可设定三个基准点。机器人位于基准点时，输出预先设定的数字输出信号（DO）。虽未作任何设定，机器人位于基准点1时也将输出基准点到达信号 ATPERCH（UO［7］）。另外可以通过将基准点输出功能置于无效（DISABLE），不输出基准点信号。基准点的设定步骤详见表4-3。

三、关节可动范围设定

关节可动范围是利用软件而非硬件（如极限开关、机械式制动器等）来限制机器人动作范围的一种功能，通过该功能

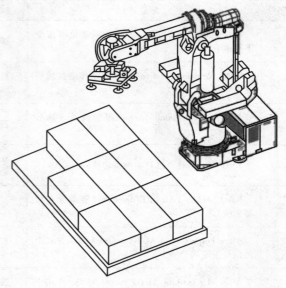

图4-2　机器人基准点

的设定可以改变机器人可动范围的标准值。可动范围的上限值是正方向运动的极值；下限值则是负方向运动的极值。在变更了关节轴可动范围的情况下，要使设定生效，需要关闭控制装置的电源，而后重新通电。关节可动范围的设定步骤详见表4-4。

表4-3　基准点的设定

步骤	操作方法	操作提示
1	按下"MENUS"按键,显示画面菜单	**MENUS**
2	选择"6 SETUP"	5 I/O 6 SETUP 7 FILE
3	按下 F1"TYPE"（画面）,显示画面切换菜单	REF Position TYPE **F1**
4	选择"REF Position"（数字）,出现基准点一览画面	REF POSN　　　　　　　　JOINT 30% 　　　　　　　　　　　　　　1/3 NO　End/Dsbl　@Pos　Comment 1　DISABLE　FALSE　[　　　　] 2　DISABLE　FALSE　[　　　　] 3　DISABLE　FALSE　[　　　　] [TYPE]　　　　DETAIL　ENABLE　DISABLE

（续）

步骤	操作方法	操作提示
5	按 F3"DETAIL"（详细），出现基准点详细画面	DETAIL　ENABLE DISABLE F3 ``` REF POSN JOINT 30% Reference Position 1/12 Ref.Position Number: 1 1 Comment: [**********] 2 Enable/Disable: DISABLE 3 Is a valid HOME: FALSE 4 Sinal definition:DO[0] 5 J1 0.0 +/- 0.0 6 J2 0.0 +/- 0.0 7 J3 0.0 +/- 0.0 8 J4 0.0 +/- 0.0 9 J5 0.0 +/- 0.0 10 J6 0.0 +/- 0.0 [TYPE] RECORD ```
6	将光标移至注释行，输入注释	``` REF POSN JOINT 30% Reference Position 1/12 1 Comment: [Refpos1***] [TYPE] ```
7	在"3 Signal definition"（信号类型）中设定刀具位于基准点时输出的数字输出信号	``` REF POSN JOINT 30% 3 Signal definition: RO[0] [TYPE] DO RO ```
8	方式一： 　要进行基准点位置的示教，将光标指向 J1～J9 的设定栏，在按住 SHIFT 的同时按下 F5"RECORD"，对当前位置进行示教	``` REF POSN JOINT 30% 4 J1 0.0 +/- 0.0 [TYPE] RECORD ```
	方式二： 　直接输入基准点的位置数值。在左侧输入基准点的位置坐标值，在右侧输入允许的误差范围	``` REF POSN JOINT 30% Reference Position 1/12 Ref.Position Number: 1 1 Comment: [Refpos1] 2 Enable/Disable: ENABLE 3 Is a valid HOME: FALSE 4 Sinal definition: RO[1] 5 J1 129.000 +/- 2.000 6 J2 -31.560 +/- 2.000 7 J3 3.320 +/- 2.000 8 J4 179.240 +/- 2.000 9 J5 1.620 +/- 2.000 10 J6 33.000 +/- 2.000 [TYPE] RECORD ```

（续）

步骤	操作方法	操作提示
9	完成设定后按"PREV"（返回）键	
10	使基准点输出信号有效/无效,可将光标指向 ENABLE/DISABLE,并按下相应的功能键	REF POSN NO Enb/Dsbl @Pos 1 DISABLE FALSE ENABLE DISABLE **F4**

表 4-4 关节可动范围的设定

步骤	操作方法	操作提示
1	按下"MENUS"按键,显示画面菜单	MENUS
2	按"0 NEXT"（下一步）,选择下一页"6 SYSTEM"（6 系统）	5 POSITION 6 SYSTEM 7
3	按下 F1"TYPE"（画面）,显示画面切换菜单	Axis Limits TYPE **F1**
4	选择"Axis Limits"（轴范围）,出现关节可动设定画面	SYSTEM Axis Limits JOINT 30 % AXIS GROUP LOWER UPPER 1/16 1 1 -160.00 160.00 dg 2 1 -30.00 150.00 dg 3 1 -156.50 206.10 dg 4 1 -120.00 120.00 dg 5 1 -200.00 200.00 dg 6 0 0.00 0.00 mm 7 0 0.00 0.00 mm 8 0 0.00 0.00 mm 9 0 0.00 0.00 mm [TYPE]
5	将光标指向希望设定的轴范围,输入新的设定值。注意:设定值为 0.00 表示机器人上没有该轴	SYSTEM Axis Limits JOINT 30 % AXIS GROUP LOWER UPPER 2/16 2 1 -50.00 100.00 dg [TYPE]
6	所有轴设定完成后,断开电源,在冷启动下重新通电	要使新设定生效,必须重新接通电源,否则可能导致人员受伤或装置损坏

四、用户报警设定

　　用户报警是因为执行用户报警指令而发生的报警，用户报警指令在报警行显示预先设定的用户编号的报警消息。在用户报警设定画面上，可以进行用户报警发生时所显示消息的设定，其操作步骤详见表 4-5。

表 4-5　用户报警的设定

步骤	操作方法	操作提示
1	按下"MENUS"按键，显示画面菜单	**MENUS**
2	选择"6 SETUP"	5 I/O **6 SETUP** 7 FILE
3	按下 F1"TYPE"（画面），显示画面切换菜单	User Alarm TYPE **F1**
4	选择"User Alarm"（用户报警），出现用户报警画面	Setting/User Alarm　　　　JOINT 30 % 　　　　　　　　　　　　　　　1/200 Alarm No.　　　　　User Message 　[1]:　[　　　　　　　　　　　] 　[2]:　[　　　　　　　　　　　] 　[3]:　[　　　　　　　　　　　] 　[4]:　[　　　　　　　　　　　] 　[5]:　[　　　　　　　　　　　] 　[6]:　[　　　　　　　　　　　] 　[7]:　[　　　　　　　　　　　] 　[8]:　[　　　　　　　　　　　] 　[9]:　[　　　　　　　　　　　] [TYPE]
5	将光标指向希望设定的用户报警编号的位置，输入用户消息后按 ENTER（输入）键	Setting/User Alarm　　　　JOINT 30 % 　　　　　　　　　　　　　　　3/200 Alarm No.　　　　　User Message 　[1]:　[　　　　　　　　　　　] 　[2]:　[　　　　　　　　　　　] 　[3]:　[NO WORK　　　　　　　　] 　[4]:　[　　　　　　　　　　　] 　[5]:　[　　　　　　　　　　　] 　[6]:　[　　　　　　　　　　　] 　[7]:　[　　　　　　　　　　　] 　[8]:　[　　　　　　　　　　　] 　[9]:　[　　　　　　　　　　　] [TYPE]

五、可变轴范围设定

利用可变轴范围设定最多可设定多个 J1 轴与附加 1 轴的行程极限，程序中通过使用参数指令来切换可变轴范围设定画面上所设定的轴的可动范围。表 4-6 为可变轴范围设定的操作方法。

表 4-6　可变轴范围的设定

步骤	操作方法	操作提示
1	按下"MENUS"按键，显示画面菜单	MENUS
2	选择"6 SETUP"	5 I/O 6 SETUP 7 FILE
3	按下 F1"TYPE"（画面），显示画面切换菜单	Stroke limit TYPE F1
4	选择"Stroke limit"（行程极限），出现可变轴范围设定画面 将光标指向希望设定的轴极限范围，输入新的设定值，设定值被限定在行程极限范围内。其中 F2 键用于 GROUP#（组）的切换，F3 键用于 AXIS#（轴）的切换	Stroke limit setup　　　　JOINT 30% 　GROUP:1　　　　AXIS:J1 No.　Lower>-180.0　　UPPER<180.0 1:　　0.0 deg　　　　0.0 deg 2:　　0.0 deg　　　　0.0 deg 3:　　0.0 deg　　　　0.0 deg Default 0: -180.0 deg　　　　180.0 deg Active limit: & MRR_GRP[1]. $SLMT_J1_NUM=0 [TYPE]　　GROUP#　　AXIS#
5	设定完成后，断开电源，重新通电（冷启动）	要使新设定生效，必须重新接通电源

要在程序执行中切换所设定的轴可动范围，如图 4-3a 所示可使用参数指令，执行该程序后，在 J1 轴的轴可动范围中使用第一个值。若要切换附加轴的可动范围，使用如图 4-3b 所示指令。

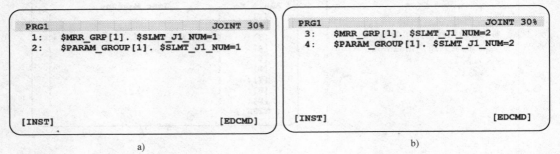

a)　　　　　　　　　　　　　　　　　　b)

图 4-3　参数指令的使用

六、特殊区域功能设定

机器人特殊区域功能设置又称为干涉区设置。特殊区域功能设置的目的是为了防止多台机器人以及机器人与周边装置间的干涉。具体讲就是在其他机器人或外围设备位于预先设定的干涉区域时，此时若向当前机器人发出进入干涉区域的移动指令，该机器人将会自动停止，等待并确认其他机器人或外围设备已经从干涉区域移走后，才解除停止状态并继续运行。机器人与其他设备之间通过向干涉区域分配一对互锁信号（输入/输出信号各一个）进行通信，当刀尖点位于干涉区域时，定义的输出信号（DO）断开，一旦离开干涉区域时，该输出信号将接通。在输入信号（DI）断开的状态下，机器人试图进入干涉区域内时，将进入保持状态；输入信号接通时，保持状态即被清除，机器人自动重新开始动作。设置干涉区时，应考虑机器人动作速度与刀具的大小设定一个较大的干涉区。

FANUC 机器人干涉区域最多可以定义三个，具体设定方法详见表 4-7。

表 4-7　特殊区域功能设定

步骤	操作方法	操作提示
1	按下"MENUS"按键,显示画面菜单	**MENUS**
2	选择"6 SETUP"	5 I/O 6 SETUP 7 FILE
3	按下 F1"TYPE"（画面）,显示画面切换菜单	Space fnct. TYPE **F1**
4	选择"Space fnct"（特殊区域功能）	
5	区域(1～3)一览画面如右图。利用功能键（F4、F5）进行各干涉区域的 ENABLE/DISABLE（有效/无效）切换；可将注释输入注释行(Comment)	Rectangular Space　　　JOINT 30% LIST SCREEN No. End/Dsbl　　Comment　　　Usage 1　ENABLE　　[　　　] Common Space 2　DISABLE　　[　　　] Common Space 3　DISABLE　　[　　　] Common Space [TYPE]　　　DETAIL　ENABLE　DISABLE

（续）

步骤	操作方法	操作提示

6	按 F3"DETAIL"（详细），出现区域详细设置画面，将光标移至设置项，通过功能键或数字键更改设定。其中"Priority"（优先级）指定 2 台机器人使用本功能时需设定进入干涉区的优先级；"Inside/Outside"（内侧/外侧）指定直方体的哪一侧作为干涉区域	<pre>Rectangular Space
		DETAILED SCREEN
		    SPACE:1 GROUP:1
		    USAGE: Common Space
		  1 Enable/Disable: ENABLE
		  2 Comment: [*********]
		  3 Output Signal: DO[0]
		  4 Input Signal: DI[0]
		  5 Priority: High
		  6 Inside/Outside: Inside
		
		[TYPE] SPACE ENABLE DISABLE</pre>

7	按 F2"SPACE"（区域），出现区域设定画面	<pre>Rectangular Space JOINT 30%
		SPACE SETUP 1/4
		    SPACE:1 GROUP:1
		    UFRAME:0 UTOOL:1
		  1:BASIS VERTEX [SIDE LENGTH]
		  2:X 0.0 mm 0.0 mm
		  3:Y 0.0 mm 0.0 mm
		  4:Z 0.0 mm 0.0 mm
		
		[TYPE] OTHER RECORD</pre>

8	有两种方法设定干涉区域。 方法一：将光标移至 X、Y、Z 位置，直接输入坐标值； 方法二：将机器人移至立方体顶点后同时按 SHIFT 键与 F5"RECORD"读出机器人当前位置	在指定了基准顶点（BASIS VERTEX）与边长（SIDE LENGTH）的情况下，指定从基准顶点到沿用户坐标系 X、Y、Z 轴的直方体边长指定的区域；在指定了基准顶点与对角顶点（SECOND VERTEX）的情况下，以基准顶点和对角顶点构成的直方体区域为干涉区域 SHIFT ＋ RECORD F5
9	区域设定完成后，按"PREV"键，返回区域详细设置画面，再按"PREV"键，返回到区域一览画面	PREV

七、系统变量设定

1. 系统变量的分类

FANUC 机器人系统的设定记录在系统变量内，机器人及其控制装置的运行是由系统变量控制的。根据控制功能的不同，有停电处理（$SEMIPOWERFL）、制动控制（$PARAM_GROUP [group]. $SV_OFF_ALL）、零位调校（$DMR_GRP [group]. $REF_COUNT [i]）以及坐标系设定、电机设定、倍率、移动速度、负载重量、执行程序、自动运转、I/O设定等相关的系统变量，详见表4-8。按照类型的不同，系统变量又可分为：布尔逻辑型（BOOLEAN）、字节型（BYTE）、短整型（SHORT）、整型（INTEGER）、无符号长整型

（ULONG）、实型（REAL）、字符串（CHAR）以及位置坐标型（XYZWPR）等。读写类变量可以更改变量值的大小，只读类变量只能读取变量值而不能更改变量的大小。

表 4-8 FANUC 机器人常用系统变量

序号	变量名称	变量功能	变量类型	取值范围
1	$SEMIPOWERFL（停电处理）	热启动是否有效	布尔型（读写）	TRUE/FALSE
2	$PARAM_GROUP[group].$SV_OFF_ALL（制动控制）	指定相对用 $SV_OFF_ENB 变量所指定的轴是使全轴同时制动还是各轴分别制动	布尔型（读写）	TRUE/FALSE
3	$MASTER_ENB（调校）	是否将位置调整画面显示在示教盒（6 系统-位置调整）画面上	长整型（读写）	1/0
4	$DMR_GRP[group].$MASTER_DONE（调校完成）	显示调校的完成情况	布尔型（读写）	TRUE/FALSE
5	$DMR_GRP[group].$MASTER_COUN[i]（调校计数值），$i=1\sim9$	在关节坐标下计算零位置的机器人脉冲编码器计数值并存储	整型（读写）	$0\sim100000000$ pulse
6	$PARAM_GROUP[group].$MASTER_POS[i]（夹具位置调校的夹具位置），$i=1\sim9$	设定夹具位置中机器人关节坐标值	实型（读写）	$-100000\sim100000$deg
7	$DMR_GRP[group].$REF_DONE（简易调校时参考点设定完成）	设定简易调校参考点是否设定完成	布尔型（读写）	TRUE/FALSE
8	$DMR_GRP[group].$REF_COUNT[i]（参考点位置调校计数值），$i=1\sim9$	存储参考点位置中的脉冲编码器计数值	整型（读写）	$0\sim100000000$ pulse
9	$DMR_GRP[group].$REF_POS[i]（简易调校的参考点位置），$i=1\sim9$	存储简易调校的参考点位置	实型（读写）	$-100000\sim100000$deg
10	$MOR_GRP[group].$CAL_DONE（位置调整/校正完成）	位置调整/校正是否完成	布尔型（读写）	TRUE/FALSE
11	$MNUFRAMENUM[group]（用户坐标系编号）	设定当前有效的用户坐标系编号，0：世界坐标系；1~9：用户坐标系	字节型（读写）	$0\sim9$
12	$MNUFRAME[group,i]（用户坐标系），$i=1\sim9$	设定用户坐标系的笛卡儿坐标值（XYZWPR）	坐标型（读写）	
13	$MNUTOOLNUM[group]（工具坐标系编号）	设定当前有效的工具坐标系编号，0：机械接口坐标系；1~9：工具坐标系	字节型（读写）	$0\sim9$
14	$MNUTOOL[group,i]（工具坐标系），$i=1\sim9$	设定工具坐标系的笛卡儿坐标值	坐标型（读写）	
15	$JOG_GROUP[group].$JOG_FRAME（JOG 坐标系）	设定 JOG（手动）坐标系的笛卡儿坐标值	坐标型（读写）	
16	$SCR_GRP[group].$AXISORDER[i]（电机设定），$i=1\sim9$（轴顺序）	定义轴顺序,根据伺服电动机的物理编号定义为软件上关节轴的逻辑编号	字节型（读写）	$0\sim16$

（续）

序号	变量名称	变量功能	变量类型	取值范围
17	\$SCR_GRP［group］.\$ROTARY_AXS［i］（轴的种类），i=1~9	设定机器人关节轴是旋转轴（TRUE）还是直动轴（FALSE）	布尔型（只读）	TRUE/FALSE
18	\$PARAM_GROUP［group］.\$MOSIGN［i］（轴旋转方向），i=1~9	设定在电动机正转时，机器人在机构上的移动方向（TRUE：正向移动，FALSE：负向移动）	布尔型（读写）	TRUE/FALSE
19	\$PARAM_GROUP［group］.\$ENCSCALES［i］（脉冲编码器单位），i=1~9	设定脉冲编码器在机器人关节轴转1deg或沿关节轴移动1mm时的几何脉冲量	实型（读写）	−10000000000~10000000000
20	\$PARAM_GROUP［group］.\$MOT_SPD_LIM［i］（电机最大速度），i=1~9	设定伺服电动机的最大旋转速度	整型（读）	0~100000 r/min
21	\$SHFTOV_ENB（位移倍率的使能）	位移倍率是否有效。1:有效;0:无效	无符号长整型（读写）	0/1
22	\$MCR.\$GENOVERRIDE（速度倍率）	设定机器人的动作速度倍率	整型（读写）	0~100%
23	\$MCR_GRP［group］.\$PRGOVERRIDE（程序倍率）	设定程序再生时机器人动作速度倍率	整型（读写）	0~100%
24	\$SCR.\$JOGLIM（笛卡儿/工具手动倍率）	指定在笛卡儿/工具坐标系手动进给下，使机器人以直线方式手动进给时的最高速度倍率	整型（只读）	0~100%
25	\$SCR.\$JOGLIMROT（机械手姿态手动倍率）	指定在笛卡儿/工具坐标系手动进给下，使机器人绕X、Y、Z轴手动旋转进给时的最高速度倍率	整型（只读）	0~100%
26	\$SCR_GRP［group］.\$JOGLIM_JNT［i］（关节手动倍率），i=1~9	设定各关节手动进给时的速度倍率	整型（只读）	0~100%
27	\$SCR.\$COLDOVRD（冷启动时的最高速度倍率）	冷启动结束后的速度倍率设定值	整型（只读）	0~100%
28	\$SCR.\$COORDOVRD（手动进给坐标切换时的最高速度倍率）	在切换手动进给坐标系时，速度倍率设定在该值以下	整型（只读）	0~100%
29	\$SCR.\$TPENBLEOVRD（示教盒有效切换时的最高速度倍率）	将示教盒切换至有效时，速度倍率设在该值以下	整型（只读）	0~100%
30	\$SCR.\$JOGOVLIM（手动进给时最高速度倍率）	手动进给时，速度倍率设在该值以下	整型（只读）	0~100%
31	\$SCR.\$RUNOVLIM（程序执行时最高速度倍率）	程序执行时，速度倍率设在该值以下	整型（读写）	0~100%
32	\$SCR.\$FENCEOVRD（安全栅栏开启时的最高速度倍率）	*SFSPD输入断开时，速度倍率设在该值以下	整型（只读）	0~100%
33	\$SCR.\$SFJOGOVLIM（安全栅栏开启时手动进给最高速度倍率）	*SFSPD输入断开时，手动速度倍率设在该值以下	整型（只读）	0~100%

（续）

序号	变量名称	变量功能	变量类型	取值范围
34	$SCR. $SFRUNOVLIM（安全栅栏开启时程序执行最高速度倍率）	*SFSPD 输入断时，程序执行的速度倍率设在该值以下	整型（只读）	0~100%
35	$SCR. $RECOV_OVRD（安全栅栏关闭时的速度倍率恢复功能）	*SFSPD 输入接通时，是否使速度倍率恢复为原先值	布尔型（读写）	TRUE/FALSE
36	$PARAM_GROUP［group］.$JNTVELLIM［i］（最大关节速度），i=1~9	设定机器人关节的最大轴运动速度	实型（读写）	0~100000 deg/s
37	$PARAM_GROUP［group］.$SPEEDLIM（直线最大速度）	设定轨迹运动（直线、圆弧）时的最大速度	实型（读写）	0~3000 mm/s
38	$PARAM_GROUP［group］.$ROTSPEEDLIM（旋转最大速度）	设定机器人姿态控制中最大旋转速度	实型（读写）	0~1440 deg/s
39	$PARAM_GROUP［group］.$LOWERLIMS［i］（轴最小可动范围），i=1~9	设定机器人关节可动范围下限值（负向）	实型（读写）	−100000~100000deg
40	$PARAM_GROUP［group］.$UPPERLIMS［i］（轴最大可动范围），i=1~9	设定机器人关节可动范围上限值（正向）	实型（读写）	−100000~100000deg
41	$GROUP［group］.$PAYLOAD（负载重量）	设定负载在运转中发生变化的最大值	实型（读写）	0~10000kgf
42	$PARAM_GROUP［group］.$PAYLOAD（负载重量）	设定负载在运转中发生变化的最大值	实型（读写）	0~10000kgf
43	$PARAM_GROUP［group］.$PAYLOAD_*（负载重心距离），* 为 X、Y 或 Z	相对于机械接口坐标系负载重心的位置值	实型（读写）	−100000~10000cm
44	$PARAM_GROUP［group］.$PAYLOAD_*（负载重心惯量值），* 为 IX、IY 或 IZ	机械接口坐标系下 X 轴、Y 轴或 Z 轴周围负载的惯量值	实型（读写）	0~10000 kg·cm²
45	$PARAM_GROUP［group］.$AXISINERTIA［i］（负载重量惯量值），i=1~9	第 1 轴~第 3 轴系统自动设定；第 4 轴~第 6 轴需计算设定	短整型（读写）	0~32767 kgf·cm·s²
46	$PARAM_GROUP［group］.$AXISMOMENT［i］（各轴力矩值），i=1~9	第 1 轴~第 3 轴系统自动设定；第 4 轴~第 6 轴需计算设定	短整型（读写）	0~32767kgf·m
47	$PARAM_GROUP［group］.$AXIS_IM_SCL（惯量、力矩调整用数值）	用来为关节惯量、力矩值设定小数数值	短整型（读写）	0~32767
48	$PARAM_GROUP［group］.$ARMLOAD［i］（设备重量），i=1~3	在机器人轴上设置焊接装置时，设定负载重量	实型（读写）	0~10000kgf
49	$DEFPULSE（DO 输出脉冲宽度）	指定 DO 输出信号的脉冲宽度	短整型（读写）	0~255 100ms
50	$RMT_MASTER（遥控装置）	设定机器人启动的遥控装置。0:外围设备;1:CRT/KB;2:主计算机;3:无遥控装置	整型（读写）	0~3

（续）

序号	变量名称	变量功能	变量类型	取值范围
51	$ER_NOHIS（删除警告履历）	0：功能无效；1：不将 WARN 报警、NONE 报警记录在履历中；2：不将复位记录在履历中；3：不将复位、WARN 报警、NONE 报警记录在履历中	字节型（读写）	0~3
52	$ER_NO_ALM. $NOALMENBLE（报警非输出功能）	有效时用 $NOALM_NUM 指定的报警不点亮 LED	字节型（读写）	0/1
53	$ER_NO_ALM. $NOALM_NUM（非输出报警数）	设定非输出报警数	字节型（读写）	0~10
54	$ER_NO_ALM. $ER_CODE *（非输出报警），* 取值 1~10	设定非输出报警，前两位表示报警 ID，后三位表示报警编号	整型（读写）	0~100000
55	$ER_OUT_PUT. $OUT_NUM（错误代码输出的 DO 开始编号）	指定错误代码输出的 DO 开始编号；指定为 0 时，错误代码输出无效	长整型（读写）	0~512
56	$ER_OUTPUT. $IN_NUM（错误代码输出请求 DI 编号）	接通时，将向 $OUT_NUM 所指定的 DO 输出错误代码	长整型（读写）	0~512
57	$UALRM_SEV[i]（用户报警重要程度），$i$ 为用户报警号	设定用户报警的重要程度。0：WARN；6：STOP. L；38：STOP. G；11：ABORT. L；43：ABORT. G	字节型（读写）	0~255
58	$JOG_GROUP. $FINE_DIST（直线手动步进的移动量）	指定在笛卡儿/工具坐标系下手动直线步进时 FINE 下的移动量	实型（读写）	0.0~1.0mm
59	$SCR. $FINE_PCNT（关节/姿态旋转手动步进移动量）	指定关节或笛卡儿/工具坐标系下姿态旋转中手动步进的移动量	整型（读写）	1%~100%
60	$OPWORK. $UOP_DISABLE（外围设备输入信号的使能）	指定外围设备输入信号有效/无效	字节型（读写）	0/1
61	$SCR. $RESETINVERT（复位信号检测）	指定是在信号上升沿还是下降沿进行 FAULT_RESET 信号检测	布尔型（读写）	TRUE/FALSE
62	$PARAM_GROUP. $PPABN_ENBL（气压异常信号检测）	指定是否进行气压异常检测。TRUE：检测 * PPABN 信号输入；FALSE：忽略	布尔型（读写）	TRUE/FALSE
63	$PARAM_GROUP. $BELT_ENBLE（传送带断裂信号检测）	指定是否进行传送带断裂信号 RI[7] 的检测	布尔型（读写）	TRUE/FALSE
64	$ODRDSP_ENB（软件配置文件显示/隐藏）	指定是否在示教盒画面上显示系统软件配置	长整型（读写）	1/0
65	$SFLT_ERRTYP（超过跟踪处理时间的报警类型）	指定在超过软浮动功能的跟踪处理时间时发出的报警处理类型	整型（读写）	1~10
66	$SFLT_DISFUP（跟踪处理执行使能）	指定是否在程序动作指令开始时执行软浮动功能的跟踪处理	布尔型（读写）	TRUE/FALSE
67	$RGSPD_PREXE（寄存器速度预读使能）	指定动作语句移动速度指定为寄存器指令时，执行动作语句的预读处理是否有效	布尔型（只读）	TRUE/FALSE

（续）

序号	变量名称	变量功能	变量类型	取值范围
68	$BLAL_OUT. $DO_INDEX（发生 BLAL/BZAL 报警时的输出编号）	发生 BLAL/BZAL 报警时，指定的输出编号（DO）为 ON	整型（读写）	0~256
69	$BLAL_OUT. $BATALM_OR（专用输出信号 BATALM）	指定是否使专用输出信号 BATALM 同时具有 BZAL/BLAL 的含义	布尔型（读写）	TRUE/FALSE

注：1kgf = 9.80665N

2. 系统变量设置说明

（1）与速度控制相关的系统变量

机器人的速度分为手动（JOG）控制速度与程序执行速度。手动控制速度又可细分为：关节进给、直线进给与旋转进给三种情形；程序执行速度也分为关节动作速度、直线动作速度与旋转动作速度。下面给出上述不同情形下的速度计算公式。

手动关节进给速度＝关节最大速度×关节手动倍率%×速度倍率%，单位：deg/s；

手动直线进给速度＝直线最大速度×笛卡儿/工具手动倍率%×速度倍率%，单位：mm/s；

手动旋转进给速度＝旋转最大速度×笛卡儿/工具手动倍率%×速度倍率%，单位：deg/s；

程序执行时关节动作速度＝关节最大速度×关节速度系数÷2000×程序速度%×程序倍率%×速度倍率%，单位：deg/s；

程序执行时直线动作速度＝程序速度×程序倍率%×速度倍率%，单位：mm/s；

程序执行时旋转动作速度＝程序速度×程序倍率%×速度倍率%，单位：deg/s。

上述式中对应的系统变量说明如下：

关节最大速度：$PARAM_ GROUP. $JNTVELLIM；

关节手动倍率：$SCR_ GRP [group]. $JOGLIM_ JNT [i]；

速度倍率：$MCR. $GENOVERRIDE；

直线最大速度：$PARAM_ GROUP. $SPEEDLIM，单位：mm/s；

笛卡儿/工具手动倍率：$SCR. $JOGLIM；

旋转最大速度 $PARAM_ GROUP. $ROTSPEEDLIM；

程序倍率：$MCR_ GRP. $PROGOVERRIDE；

关节速度系数：$PARAM_ GROUP. $SPEEDLIMJNT。

（2）与负载重量设定相关的系统变量

在负载设定画面上需要设定与负载相关的信息，包括负载重量，负载重心距离，负载重心惯量值，负载重量惯量值，力矩值，惯量、力矩值调整用直线尺以及设备重量等系统变量。其中机器人负载重心距离是在机械接口坐标系上看到的负载重心位置值，也就是分别沿机械接口坐标系 X 轴、Y 轴、Z 轴测量负载的重心位置（x_g、y_g、z_g），对应的系统变量分别为 $PARAM_ GROUP [group]. $PAYLOAD_ X、$PARAM_ GROUP [group]. $PAYLOAD_ Y、$PARAM_ GROUP [group]. $PAYLOAD_ Z，其单位为 cm；负载重心惯量值是计算机械接口坐标系的 X 轴、Y 轴、Z 轴周围的负载重量物的惯量值（l_x、l_y、l_z），对应的系统变量分别为 $PARAM_ GROUP [group]. $PAYLOAD_ IX、$PARAM_ GROUP [group]. $PAYLOAD_ IY、$PARAM_ GROUP [group]. $PAYLOAD_ IZ，其单位为

$kg \cdot cm^2$，如图 4-4 所示。

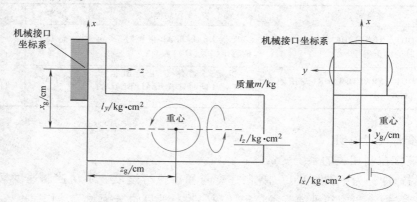

图 4-4　负载重心与负载重心惯量值

3. 系统变量的设定方法

读写型系统变量（WR）可以采用设定方法更改变量值，而只读类系统变量（RO）值是无法通过设定更改的。系统变量的设定操作详见表 4-9。

表 4-9　系统变量的设定

步骤	操作方法	操作提示
1	按下"MENUS"按键，显示画面菜单	**MENUS**
2	按下"0 NEXT"（下一页），选择"6 SYSTEM"（6 系统）	9 USER　　　　5 POSITION 0 -- NEXT --　　6 SYSTEM 　　　　　　　　7
3	按下 F1"TYPE"（画面），显示画面切换菜单	Variables TYPE
4	选择"Variables"（系统变量）	**F1**
5	要更改系统变量值，将光标指向目标项，输入数值并确认	SYSTEM Variables　　　　JOINT 10% 　　　　　　　　　　　　　　1/98 1　$AP_MAXAX　　　　536870912 2　$AP_PLUGGED　　　4 3　$AP_TOTALAX　　　16777216 4　$AP_USENUM　　　[12] of Byte 5　$AUTOINIT　　　　2 6　$BLT　　　　　　　19920216 7　$CRT_DEFPROG　　*uninit* 8　$CSTOP　　　　　　TRUE 9　$DEFPULSE　　　　4 10　$DEVICE　　　　　'P3:' [TYPE]

（续）

步骤	操作方法	操作提示
6	若系统变量中包含下级变量,需将光标指向目标项按"ENTER"键后打开下一级系统变量	SYSTEM Variables　　　　JOINT 10% 　　　　　　　　　　　　　49/98 47　$ORIENTTOL　　　10.000 48　$OVRDSLCT　　　OVRDSLCT_T 49　$PARAM_GROUP　MRR_GRP_T 50　$PASSWORD　　　PASSWORD_T SYSTEM Variables　　　　JOINT 10% $PARAM_GROUP　　　　　　49/98 1　$BELT_ENABLE　　FALSE 2　$CART_ACCEL1　　192 3　$CART_ACCEL2　　0 4　$CIRC_RATE　　　1 5　$CONTAXISNUM　　0 6　$EXP_ENBL　　　　TRUE [TYPE]
7	系统变量更改后,需断开电源再重新上电才会生效	$PARAM_GROUP 系统变量都需要再上电才生效

第二节　机器人调校

一、机器人调校的定义与分类

机器人调校（Mastering）是使各轴的轴角度与连接在各轴电动机上的绝对值脉冲编码器的脉冲计数值对应起来的操作。零位调校就是求取零位中脉冲计数值的操作。机器人出厂前已经进行了零位调校,在日常操作中一般并不需要进行调校。但出现下列情形时,则需要进行调校:①更换伺服电动机,②更换绝对值脉冲编码器,③更换减速器,④更换电缆,⑤机构部备用电池用尽时。以⑤为例,机构部备用电池用于保存包含调校数据在内的机器人数据和脉冲编码器数据,电池电压下降时,系统会发出报警通知用户;电池一旦用尽将导致保存的数据丢失,需要重新进行机器人零位调校。

常用的调校方法有五种,见表4-10。

表 4-10　FANUC 机器人常用调校方法

序号	调校名称	调校说明
1	夹具位置调校	使用调校夹具的调校,在工厂出货前进行
2	零位调校	在所有轴都处于零度位置(对合标记)时的调校
3	简易调校	在任意位置的调校
4	单轴调校	对某一特定轴进行的调校
5	输入调校数据	直接输入调校数据的方法

二、机器人调校操作

1. 调校前的准备工作

考虑到错误调校会导致机器人危险操作,因此正常情况下机器人调校画面不会直接显示。为了显示位置调整画面,需要将系统变量 $MASTER_ENB 设为 1 或 2,在进行位置调整操作后再按下调整画面上显示的操作结束键 F5 "DONE",机器人自动设定系统变量 $MASTER_ENB 为 0,位置调整画面不再显示。

因更换伺服电动机而进行调校时，除了显示位置调整画面外，还要解除 Servo 062 BZAL 或 Servo 075 Pulse not established 等伺服报警。

2. 零位调校

机器人的每个轴都有零位对合标记，各个关节轴（J1～J6）的零度位置，如图 4-5 所

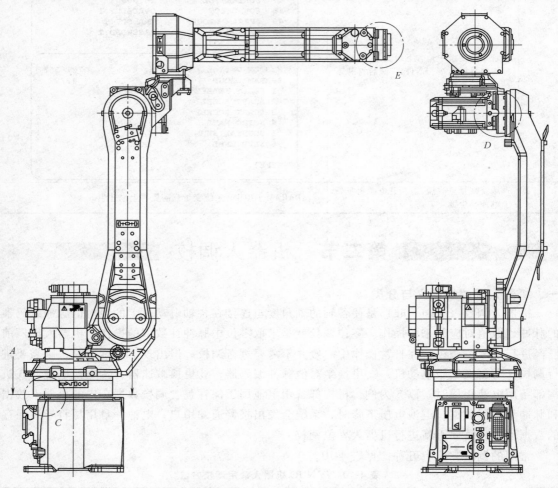

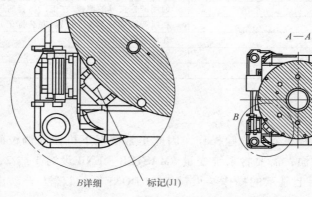

B详细　　　标记(J1)

图 4-5　机器人各轴零位对合标记

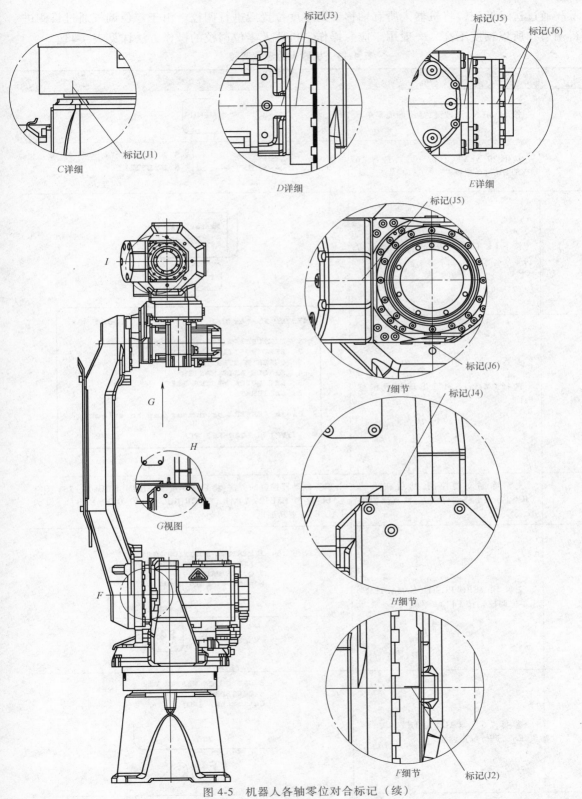

图 4-5 机器人各轴零位对合标记（续）

工业机器人操作与编程技术（FANUC）

示。通过这一标记，将机器人所有轴移动到零度位置后进行调校。由于零位调校通过目测进行调节，所以精度不高，一般用于应急操作。机器人零位调校的操作方法详见表4-11。

表 4-11　机器人的零位调校

步骤	操作方法	操作提示
1	按下"MENUS"按键,显示画面菜单	MENUS
2	按下"0 NEXT"（下一页）,选择"6 SYSTEM"（6 系统）	9 USER 5 POSITION 0 -- NEXT -- 6 SYSTEM 7
3	按下 F1"TYPE"（画面）,显示画面切换菜单	Master/Cal TYPE F1
4	选择"Master/Cal",出现位置调整画面	SYSTEM Master/Cal　　　　　　JOINT 30% 1　FIXTURE POSITION MASTER 2　ZERO POSITION MASTER 3　QUICK MASTER 4　SINGLE AXIS MASTER 5　SET QUICK MASTER REF 6　CALIBRATE Press 'ENTER' or number key to select. [TYPE]　　LOAD RES_PCA　　　　　DONE
5	先解除制动器控制,然后在手动（JOG）方式下移动机器人,使其成为调校姿势	解除制动器控制的方法:将系统变量 $PARAM_GROUP. $SV_OFF _ALL 设为 FALSE; $ PARAM_GROUP. $SV_OFF_ENB [i]设为 FALSE,并重新通电
6	选择"2 ZERO POSITION MASTER"（零位调校）,按 F4"YES"确认	1 FIXTURE POSITION MASTER 2 ZERO POSITION MASTER 3 QUICK MASTER Master at zero position? [NO] YES　　NO F4
7	选择"6　CALIBRATE",按 F4"YES",进行位置调整	5 SET QUICK MASTER REF 6 CALIBRATE Calibrate? [NO] YES　　NO F4

（续）

步骤	操作方法	操作提示
8	在位置调整结束后,按 F5"DONE"	DONE F5
9	恢复制动器控制的原先设定,断电再上电	

在调校过程中若出现"Servo 062 BZAL"报警,进入表 4-11 中步骤 4 后按 F3 "RES_PCA"（脉冲复位）后,再按 F4 "TRUE"确认。对于"Servo 075 Pulse not established"伺服报警,将机器人重新通电,若再次显示报警,使显示报警的轴朝某一方向旋转,直至报警消除,然后再按"FAULT RESET",解除报警。

要确认调校是否已正常结束,检查当前位置显示和机器人的实际位置是否一致,可使机器人动作到所有轴都成为 0°位置,目视检查各个关节轴的零度位置标记。

3. 简易调校

当因脉冲计数器的后备电池电压下降等原因而导致脉冲计数值丢失时,可以进行简易调校,但在更换脉冲编码器或机器人控制装置的调校数据丢失时,则不能采用简易调校。执行简易调校前要设定简易调校参考点,出厂设定的位置与机器人零位相一致,如果不能将机器人移至零位,需要重新设定简易调校参考点,其方法见表 4-12;简易调校的一般操作方法见表 4-13。

表 4-12 简易调校参考点的设定

步骤	操作方法	操作提示
1	按下"MENUS"按键,显示画面菜单	MENUS
2	按下"0 NEXT"（下一页）,选择"6 SYSTEM"（6 系统）	9 USER 5 POSITION 0 -- NEXT -- 6 SYSTEM 7
3	按下 F1"TYPE"（画面）,显示画面切换菜单	Master/Cal TYPE F1
4	选择"Master/Cal",出现位置调整画面	SYSTEM Master/Cal JOINT 30% 1 FIXTURE POSITION MASTER 2 ZERO POSITION MASTER 3 QUICK MASTER 4 SINGLE AXIS MASTER 5 SET QUICK MASTER REF 6 CALIBRATE Press 'ENTER' or number key to select. [TYPE] LOAD RES_PCA DONE

（续）

步骤	操作方法	操作提示
5	先解除制动器控制，然后在手动（JOG）方式下移动机器人，使其移至简易调校参考点	解除制动器控制的方法：将系统变量 $\$ PARAM\_GROUP.\$SV\_OFF\_ALL$ 设为 FALSE；$\$PARAM\_GROUP.\$SV\_OFF\_ENB[i]$ 设为 FALSE，并重新通电
6	选择"5 SET QUICK MASTER REF"（简易调校参考点设定），按 F4"YES"，简易调校参考点即被存储	4 SINGLE AXIS MASTER 5 SET QUICK MASTER REF 6 CALIBRATE YES NO F4

表 4-13　简易调校的设定

步骤	操作方法	操作提示
1	显示位置调整画面	SYSTEM Master/Cal　　　　　　　JOINT 30% 1　FIXTURE POSITION MASTER 2　ZERO POSITION MASTER 3　QUICK MASTER 4　SINGLE AXIS MASTER 5　SET QUICK MASTER REF 6　CALIBRATE Press 'ENTER' or number key to select. [TYPE]　LOAD RES_PCA　　　　　DONE
2	在手动（JOG）方式下移动机器人，使其移至简易调校参考点	预先解除制动器控制
3	选择"3 QUICK MASTER"（简易调校），按 F4"YES"，简易调校数据即被存储	2 ZERO POSITION MASTER 3 QUICK MASTER 4 SINGLE AXIS MASTER YES NO F4
4	选择"6 CALIBRATE"（位置调整），按 F4"YES"，进行位置调整	5 SET QUICK MASTER REF 6 CALIBRATE Calibrate? [NO] YES NO F4
5	在位置调整结束，按 F5"DONE"	DONE F5

4. 单轴调校

单轴调校就是对某一特定轴进行的调校，调校位置可由用户任意设定。当某轴后备脉冲计数的电池电压下降以及脉冲编码器更换等原因而导致该轴调校数据丢失时，可采用单轴调校，其操作方法见表 4-14。

表 4-14　单轴调校的设定

步骤	操作方法	操作提示
1	按下"MENUS"按键，显示画面菜单	MENUS
2	按下"0 NEXT"（下一页），选择"6 SYSTEM"（6 系统）	9 USER　　　5 POSITION 0 -- NEXT --　　6 SYSTEM 　　　　　　　7
3	按下 F1"TYPE"（画面），显示画面切换菜单	Master/Cal TYPE F1
4	选择"Master/Cal"，出现位置调整画面	SYSTEM Master/Cal　　　　JOINT 30% 1 FIXTURE POSITION MASTER 2 ZERO POSITION MASTER 3 QUICK MASTER 4 SINGLE AXIS MASTER 5 SET QUICK MASTER REF 6 CALIBRATE Press 'ENTER' or number key to select. [TYPE]　LOAD RES_PCA　　　　DONE
5	选择"4 SINGLE AXIS MASTER"（单轴调校），出现单轴调校画面	SINGLE AXIS MASTER　　　JOINT 30 % 　　　　　　　　　　1/9 　ACTUAL POS　(MSTR POS)　(SEL)[ST] J1　25.255　(　0.000)　(0)　[2] J2　25.550　(　0.000)　(0)　[2] J3　-50.000　(　0.000)　(0)　[2] J4　12.500　(　0.000)　(0)　[2] J5　31.250　(　0.000)　(0)　[0] J6　43.382　(　0.000)　(0)　[0] E1　0.000　(　0.000)　(0)　[2] E2　0.000　(　0.000)　(0)　[2] E3　0.000　(　0.000)　(0)　[2] 　　　　　　　　GROUP　EXEC
6	对于希望进行单轴调校的轴，将 SEL 设为 1。右图中准备 J5、J6 轴的调校	SINGLE AXIS MASTER　　　JOINT 30 % 　　　　　　　　　　5/9 J5　31.250　(　0.000)　(1)　[0] J6　43.382　(　0.000)　(1)　[0] 　　　　　　　　GROUP　　EXEC
7	在手动（JOG）方式下移动机器人，使其移至调校位置	如有必要，断开制动器控制
8	按 F5"EXEC"（执行）。调校执行后，SEL 恢复为 0，ST 为 2 或 1	GROUP　EXEC F5

（续）

步骤	操作方法	操作提示
| 8 | 按 F5"EXEC"（执行）。调校执行后,SEL 恢复为 0,ST 为 2 或 1 | ```
SINGLE AXIS MASTER            JOINT   30 %
                                         1/9
        ACTUAL POS    (MSTR POS )  (SEL)[ST]
 J1      25.255   (      0.000)    (0)  [2]
 J2      25.550   (      0.000)    (0)  [2]
 J3     -50.000   (      0.000)    (0)  [2]
 J4      12.500   (      0.000)    (0)  [2]
 J5       0.000   (      0.000)    (0)  [2]
 J6      90.000   (     90.000)    (0)  [2]
 E1       0.000   (      0.000)    (0)  [2]
 E2       0.000   (      0.000)    (0)  [2]
 E3       0.000   (      0.000)    (0)  [2]
                              GROUP     EXEC
``` |
9	单轴调校结束后,按"PREV"（返回）键返回到原画面	位置调整画面,同步骤 4
10	选择"6 CALIBRATE",按 F4 "YES",进行位置调整	5 SET QUICK MASTER REF 6 CALIBRATE Calibrate? [NO] YES NO F4
11	位置调整结束后,按 F5 "DONE"	DONE F5
12	恢复制动器控制的原先设定,断电再上电	

5. 直接输入调校数据

当调校数据丢失而脉冲数据仍然保持时，可采用直接输入调校数据的方法，也就是将调校数据直接输入到机器人相关系统变量中，具体操作方法见表 4-15。

表 4-15 调校数据的直接输入

步骤	操作方法	操作提示
1	按下"MENUS"按键,显示画面菜单	MENUS
2	选择"6 SYSTEM"（6 系统）	5 POSITION 6 SYSTEM 7
```

（续）

步骤	操作方法	操作提示
3	按下 F1"TYPE"（画面），显示画面切换菜单	Variables TYPE F1
4	选择"Varialbes"（系统变量），出现系统变量画面	SYSTEM Variables　　　　　JOINT 10% 　　　　　　　　　　　　　　　1/98 1 $AP_MAXAX　　　　536870912 2 $AP_PLUGGED　　　4 3 $AP_TOTALAX　　　16777216 4 $AP_USENUM　　　　[12] Of Byte 5 $AUTOINIT　　　　2 6 $BLT　　　　　　　19920216 [TYPE]
5	调校数据存储在系统变量 $ DMR _ GRP. $ MASTER _ COUNT 中	13 $DMR_GRP　　　　DMR_GRP_T 14 $ENC_STAT　　　　[2]of ENC_STAT_T [TYPE]
6	选择 $ DMR_GRP。光标移至 DMR_GRP_T 再按 ENTER 键确认	DMR_GRP_T [2] of ENC_STAT_T ENTER SYSTEM Variables　　　　　JOINT　30 % $DMR_GRP　　　　　　　　　1/8 　1 $MASTER_DONE　　　FALSE 　2 $OT_MINUS　　　　　[9]of Boolean 　3 $OT_PLUS　　　　　[9]of Boolean 　4 $MASTER_COUN　　　[9]of Integer 　5 $REF_DONE　　　　　FALSE 　6 $REF_POS　　　　　[9]of Real 　7 $REF_COUNT　　　　[9]of Integer 　8 $BCKLSH_SIGN　　　[9]of Boolean [TYPE]　　　　　　　　TRUE　FALSE
7	选择 $ MASTER_COUN，光标移至［9］of integer 按 ENTER 键，然后输入预先准备好的 6 轴调校数据	[9] of Boolean [9] of integer FALSE ENTER SYSTEM Variables　　　　　JOINT 10% $DMR_GRP[1].$MASTER_COUN　　1/9 　1 [1]　　　　　　　95678329 　2 [2]　　　　　　　10223045 　3 [3]　　　　　　　3020442 　4 [4]　　　　　　　304055030 　5 [5]　　　　　　　20497709 　6 [6]　　　　　　　2039490 [TYPE]

（续）

步骤	操作方法	操作提示
8	按 PREV（返回）键，将 $ MAS-TER_DONE 设为 TRUE	```SYSTEM Valiables JOINT 10%``` ```$DMR_GRP[1] 1/8``` ``` 1 $MASTER_DONE TRUE``` ``` 2 $OT_MINUS [9]of Boolean```
9	显示位置调整画面，选择"6 CALIBRATE"，按 F4"YES"	5 SET QUICK MASTER REF 6 CALIBRATE Calibrate? [NO] ENTER YES NO **F4**
10	位置调整结束后，按 F5 "DONE"	DONE **F5**

习　题

1. 简述机器人系统配置画面的调用方法。
2. 简述机器人常用系统配置项的功能。
3. 何谓机器人的基准点？基准点是如何设置的？
4. 机器人关节可动范围是什么？如何进行设定？
5. 简述机器人用户报警的设定方法。
6. 简述机器人可变轴范围的设定方法。
7. 机器人特殊区域设置的目的是什么？如何进行设置？
8. 分别按功能的不同与类型的不同说明机器人系统变量的分类。
9. 机器人负载重心位置是如何定义的？
10. 简述机器人系统变量的设定方法。
11. 何谓机器人调校？在什么情况下需要进行机器人调校？
12. 简述机器人调校的分类与特点。

第五章 机器人在线示教编程

第一节 示教程序的创建

　　创建机器人示教程序前需对程序框架进行设计，应考虑机器人执行所期望作业的有效方法，并使用合适的指令来创建程序。程序创建一般通过示教盒上的菜单选择指令；位置示教时需执行手动（JOG）操作，使机器人移至适当的位置并插入动作指令与控制指令等；程序创建结束后，根据需要进行指令的更改、追加、删除等操作。程序创建执行的处理如图 5-1 所示。

一、示教程序的构成

　　机器人应用程序由用户指令与附带信息构成，用户指令根据功能的不同可分为：动作指令、码垛指令、寄存器指令、I/O 指令、转移指令、待命指令等；附带信息包括创建时间、复制源的文件名、位置数据的有/无、程序数据容量等与属性相关的信息（图 5-2），以及程序名、注释、子类型、运动组、写保护、中断忽略等与执行环境相关的信息（图 5-3）。

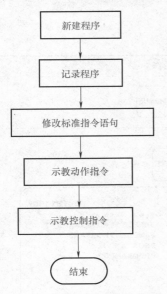

图 5-1　程序创建执行的处理

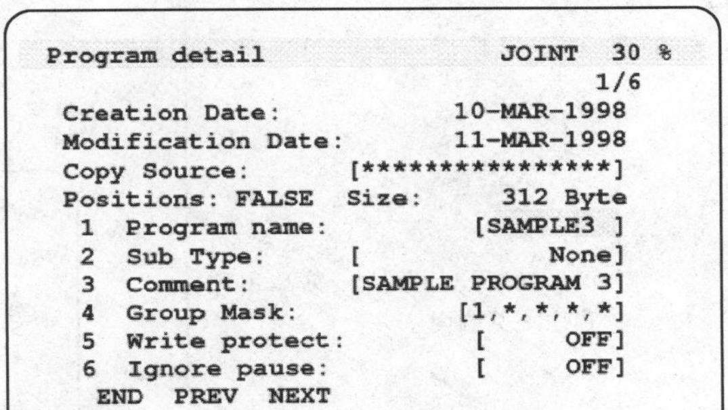

```
Program detail              JOINT  30 %
                                     1/6
   Creation Date:          10-MAR-1998
   Modification Date:      11-MAR-1998
   Copy Source:     [****************]
   Positions: FALSE   Size:      312 Byte
   1  Program name:       [SAMPLE3 ]
   2  Sub Type:        [         None]
   3  Comment:         [SAMPLE PROGRAM 3]
   4  Group Mask:         [1,*,*,*,*]
   5  Write protect:      [       OFF]
   6  Ignore pause:       [       OFF]
   END  PREV  NEXT
```

图 5-2　程序详细画面（与属性相关的程序信息）

　　选择某一机器人程序打开后，出现如图 5-4 所示画面。程序由以下信息构成：①赋予各程序指令的行编号；②程序指令；③程序注释；④程序末尾记号（END）等。

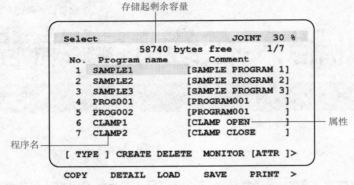

图 5-3　程序一览画面（与执行环境相关的程序信息）

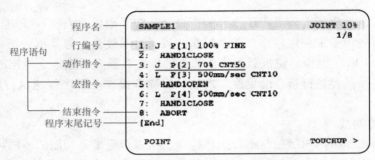

图 5-4　程序编辑画面

二、示教程序的登录

　　程序登录时需输入程序名，程序名一般由 8 个以下的英文字母、数字等构成。程序名中不可以使用 ＊、@ 符号。程序登录方法详见表 5-1。

表 5-1　程序登录方法

步骤	操作方法	操作提示
1	按下 MENUS 按键，显示画面菜单	**MENUS**
2	选择"SELECT"（一览），出现程序一览画面	代替步骤 1~2，也可直接按 **SELECT** 键来选择 SELECT JOINT 30% 61276 bytes free 1 SAMPLE1 SAMPLE PROGRAM1 2 SAMPLE2 SAMPLE PROGRAM2 3 PROG001 PROGRAM001 4 PROG002 PROGRAM002 [TYPE] CREATE DELETE MONITOR [ATTR] > COPY DETAIL LOAD SAVE PRINT >

（续）

步骤	操作方法	操作提示

3	按 F2"CREATE"（创建），出现程序记录画面	<pre> JOINT 30%
		  1 Words
		  2 Upper Case
		  3 Lower Case
		  4 Options ---Insert---
		SELECT
		
		   ---Create Teach Pendant Program---
		Program Name [ ]
		Sub type [ ]
		                         ---End---
		
		Enter program name
		PRG MAIN SUB TEST</pre>

4	通过↑、↓键选择程序名的输入方法	<pre> JOINT 30%
		  1 Words
		  2 Upper Case
		  3 Lower Case
		  4 Options ---Insert---
		SELECT
		
		   ---Create Teach Pendant Program---
		Program Name [ ]
		
		                         ---End---
		Enter program name
		abcdef ghijkl mnopqr stuvwx yz_@*. ></pre>

5	所显示的功能键菜单按步骤4中所选的输入方法予以显示。例如：在输入字母 s 时，按下希望输入的字符功能键直至该字符显示在程序名。反复执行该步骤，输入程序名	<pre>abcdef ghijkl mnopqr st</pre> F4 <pre>Select JOINT 30%
		                             1/3
		   ---Create Teach Pendant Program---
		Program name: [S]
		
		abcdef ghijkl mnopqr stuvwx yz_@*. ></pre>

6	程序名输入结束后，按下"ENTER"键	<pre>SELECT
		   ---Create Teach Pendant
		Program Name: [SAMPLE3]</pre> ENTER

（续）

步骤	操作方法	操作提示
7	对所登录的程序进行编辑时，按 F3"EDIT"（编辑）或按"EN-TER"键，出现程序编辑画面	Select function 　　DETAIL　　EDIT 　　F3 SAMPLE3　　　　　　　　　JOINT 30% 　　　　　　　　　　　　　　　1/1 [End] POINT　　　　　　　　　　TOUCHUP >
8	输入程序详细信息时，按 F2"DETAIL"（详细），显示程序详细画面	Select function 　　DETAIL　　EDIT 　　F2
9	设定以下项：程序名、子类型、注释、运动组、写保护栏等	Program detail　　　　　JOINT　30 % 　　　　　　　　　　　　　　　　1/6 　Creation Date:　　　　10-MAR-1998 　Modification Date:　　11-MAR-1998 　Copy Source:　　　[****************] 　Positions: FALSE　Size:　　312 Byte 　1　Program name:　　　[SAMPLE3] 　2　Sub Type:　　　[　　　Process] 　3　Comment:　　　[SAMPLE PROGRAM 3] 　4　Group Mask:　　　[1,*,*,*,*] 　5　Write protect:　　　[　　OFF] 　6　Ignore pause:　　　[　　OFF] 　END　PREV　NEXT
10	完成程序详细信息的输入后，按 F1"END"（结束），出现程序编辑画面	END　　PREV　　NEXT 　　F1

三、示教程序的编辑

机器人程序登录后即可进行机器人程序的编辑，程序编辑画面的操作方法见表 5-2。

表 5-2　机器人程序的编辑画面

步骤	操作方法	操作提示
1	按"SELECT"键，显示程序一览画面	SELECT　　　　　　　　　JOINT 30% 　　　　　　61276 bytes free 1　SAMPLE1　　　　SAMPLE PROGRAM1 2　SAMPLE2　　　　SAMPLE PROGRAM2 3　PROG001　　　　PROGRAM001 4　PROG002　　　　PROGRAM002 [TYPE]　CREATE　DELETE　MONITOR　[ATTR] > COPY　DETAIL　LOAD　　SAVE　　PRINT >

（续）

步骤	操作方法	操作提示
2	选择希望编辑的程序,按"ENTER"键	Select 　　　　　　61276 No.　Program name 1　SAMPLE1 2　SAMPLE2 3　SAMPLE3　　ENTER 4　PROG001
3	出现程序编辑画面。若要移动光标,可使用↑、↓、→、←键。需每隔几行移动光标时,按SHIFT键的同时按下↑、↓键	SMPLE1　　　　　　JOINT　30 % 　　　　　　　　　　1/6 　1:J P[1] 100% FINE 　2:J P[2] 70% CNT50 　3:L P[3] 1000cm/min CNT30 　4:L P[4] 500mm/sec FINE 　5:J P[5] 100% FINE [End] POINT　　　　　　TOUCHUP>
4	要选择行编号,按"ITEM"键,输入希望移动光标的行编号	ITEM　5　ENTER SMPLE1　　　　　　JOINT　30 % 　　　　　　　　　　5/6 　4:L P[4] 500mm/sec FINE 　5:J P[5] 100% FINE [End]
5	若要输入数值,可将光标指向变量栏,按数值键后,再按"ENTER"键	PROG2 　9:L P[5] 100% FINE 10:　DO[...]=... 1　ENTER PROG2　　　　　　JOINT　30 % 　　　　　　　　　　10/11 　10:　DO[1]=... [End] Enter value 　　DIRECT INDIRECT[CHOICE]
6	通过寄存器进行间接指定的情形下,按 F3 "INDIRECT"(间接指定)	DIRECT INDIRECT F3 PROG2　　　　　　JOINT　30 % 　　　　　　　　　　10/11 　10:　DO[R[1]]=... [End]Enter value 　　DIRECT INDIRECT[CHOICE]

第二节 机器人程序指令与指令示教

机器人程序指令是构成应用程序以控制机器人及其外围设备的指令。例如：可通过机器人程序执行以下操作：①使机器人沿着指定路径移动到作业空间的某一位置；②工件搬运；③向外围设备发送输出信号；④处理来自外围设备的输入信号等。机器人编程时指令种类较多，主要分为动作类指令、控制类指令以及其他指令。

一、动作类指令

所谓动作类指令是指以指定的移动速度和移动方法控制机器人向作业空间内的指定位置移动的指令。动作指令一般由动作类型、位置数据、移动速度、定位类型与附加指令五部分组成，例如：

J P［1］50% FINE ACC80

其中 J 表示关节动作、P［1］为 1 号示教点、50%为关节移动速度、FINE 为定位类型，动作附加指令为加减速倍率指令 ACC80。

1. 动作类型

动作类型用于指定向目标位置移动的轨迹，分为不进行轨迹与姿势控制的关节动作（J）、进行轨迹与姿势动作的直线动作（L）以及进行轨迹与姿势动作的圆弧动作（C）三类。

（1）关节动作

关节动作是将机器人移至指定位置的基本移动方法。示教时首先将机器人移至目标位置，移动中的刀具姿势不受控制，然后记录动作类型。关

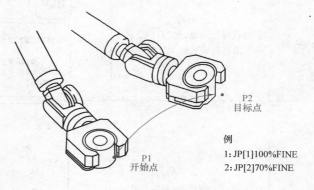

图 5-5 关节动作例程

节移动速度以相对于最大移动速度的百分比（%）来表示。程序再现（回放）操作时，机器人所有关节轴将同时加减速，移动轨迹一般呈现为非线性。图 5-5 给出了开始点 P1 至目标点 P2 的关节动作例程。

（2）直线动作

直线动作是以直线方式对从动作开始点到目标点的刀尖移动轨迹进行控制的一种移动方法，在对目标点示教时记录动作类型。直线移动的速度单位分为 mm/s、cm/min、in/min。程序回放（再现）操作时，若动作开始点与目标点的姿势不相同，将开始点和目标点的姿势进行分割后对移动中的刀具姿势进行控制，但刀尖点移动轨迹保持为直线。图 5-6 给出了开始点

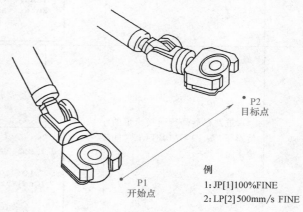

图 5-6 直线动作例程

P1 至目标点 P2 的直线动作例程。

　　当开始点与目标点的位置相同但姿势不同时，可执行刀具以刀尖点为中心的旋转运动，此时移动速度以 deg/s 为单位。动作例程如图 5-7 所示。

　　（3）圆弧动作

　　圆弧动作是从动作开始点以圆弧方式通过经由点到结束点对刀尖点移动轨迹进行控制的一种方法。与关节动作、直线动作指令不同，它需在一条指令中对经由点和目标点进行示教。

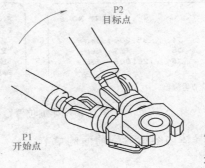

例
1:JP[1]100%FINE
2:LP[2]30deg/s FINE

图 5-7　旋转动作使用直线动作指令例程

圆弧移动速度单位分为 mm/s、cm/min、in/min、deg/s 四种。程序再现（回放）操作时，刀具姿势根据开始点、经由点与目标点的姿势进行分割控制。圆弧动作例程如图 5-8 所示。

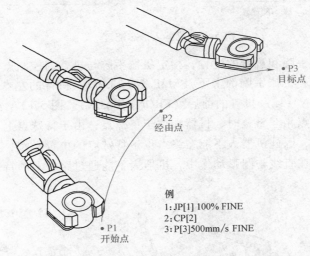

例
1:JP[1] 100% FINE
2:CP[2]
3:P[3]500mm/s FINE

图 5-8　圆弧动作例程

2. 位置数据

　　位置数据用于存储机器人的位置与姿态。在对以上动作指令进行示教时，位置数据也同时写入程序。位置数据分为关节坐标值与笛卡儿坐标值两种，关节坐标值是指 J1～J6 六个关节的旋转角；标准设定下将笛卡儿坐标值作为位置数据来使用，而笛卡儿坐标值的位置数据一般通过四个要素来定义，即刀尖点位置、刀具姿势、形态与所使用的笛卡儿坐标系（世界坐标系、用户坐标系）等。若要显示详细位置数据，将光标指向示教程序中的位置编号（图 5-9），按下 F5 "POSITION"（位置）功能键，将得到如图 5-10 所示详细位置数据画面，按 F5 "REPRE"（形式）功能键可进行笛卡儿坐标值与关节坐标值的切换。

　　（1）位置与姿态

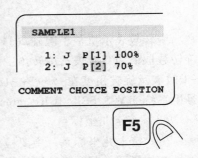

图 5-9　显示详细位置数据操作

```
Position Detail                    JOINT 30 %
P[2]    UF:0   UT:1
  J1:    .125   deg     J4:  -95.000    deg
  J2: 23.590    deg     J5:     .789    deg
  J3: 30.300    deg     J6: -120.005    deg
SAMPLE1
```
a) 关节坐标值

```
Position Detail                    JOINT 30%
P[2]  GP:1  UF:0   UT:1  CONF: N  T,O
  X: 1500.374  mm      W:  40.000    deg
  Y: -242.992  mm      P:  10.000    deg
  Z:  956.895  mm      R:  20.000    deg
SAMPLE1
```
b) 笛卡儿坐标值

图 5-10　详细位置数据画面

位置与姿态的具体内容请参阅前面的章节。

（2）形态

所谓形态就是指机器人主体部分的姿势。对一个确定的笛卡儿坐标值（X、Y、Z、w、p、r），机器人可以存在多个满足条件的姿势，因此必须确定机器人的形态，指定每个轴的关节配置（Joint Placement）和旋转数（Turn Number），如图 5-11 所示。

$$\underbrace{(F,\quad L,\quad U,\quad T,}_{\text{关节配置}}\qquad \underbrace{0,\qquad 0,\qquad 0)}_{\text{旋转数}}$$

图 5-11　机器人形态配置

关节配置表示机械手腕和机臂的配置，指定机械手腕与机臂的控制点相对于控制面的位置关系，分为四种情形：机械手腕的上下（FLIP/NO FLIP）、机臂的左右（LEFT/RIGHT）、机臂的上下（UP/DOWN）以及机臂的前后（FRONT/BACK）。图 5-12 给出了三种关节配置实例。当控制面上控制点相互重叠时，机器人位于特殊点，由于特殊点上存在无限种基于指定笛卡儿坐标值的形态，因此机器人不能在终点位于特殊点的位置操作；这种情况下可通过关节坐标值进行示教；在直线与圆弧动作中，机器人不能通过路径上的特殊点，可使用机械手腕的关节动作。

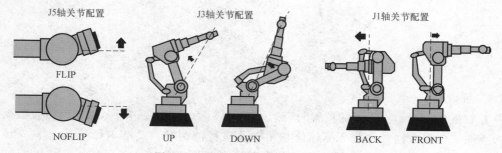

图 5-12　机械手腕与机臂的关节配置

旋转数表示机械手腕轴（J4、J5、J6）的旋转数，这些轴旋转一周后返回至相同位置。旋转数取值为 0 时表示旋转角度范围在 $-179° \sim 179°$，为 1 时表示旋转角度在 $180° \sim 539°$，为 -1 时表示旋转角度在 $-539° \sim -180°$。旋转数最多可显示三轴，图 5-12 中旋转数对应的轴编号由系统变量 $ SCR_ GRP［group］. $ TURN_ AXIS［i］（$i=1\sim3$）设定。

（3）笛卡儿坐标系

核实笛卡儿坐标系，主要检查工具坐标系（UT）与用户坐标系（UF）的编号，坐标系编号在位置示教时写入位置数据，要改变写入的坐标系编号，需使用工具更换/坐标更换偏移功能。工具坐标系编号中一般指定 0~10 的数字，为 0 时表明使用机械接口坐标系，1~10 时则使用指定编号的工具坐标系，F 时使用当前所选编号的工具坐标系。用户坐标系编号一般指定 0~9 的数字，为 0 时使用世界坐标系，1~9 时使用指定编号的用户坐标系，F 时使用当前所选编号的用户坐标系。

（4）位置变量与位置寄存器

在动作指令中，位置数据是以位置变量 P［i］或位置寄存器变量 PR［i］来表示的。下面给出应用位置变量与位置寄存器变量的例程。

1：J P［1］30% FINE

2：L PR［1］300mm/s CNT50

3：L PR［R［1］］300mm/s CNT50

程序段 1 中采用位置变量记录目标点的位置数据；程序段 2 与 3 均采用位置寄存器方式，区别在于程序段 2 中直接给出位置寄存器编号，而程序段 3 中位置寄存器编号是以数据寄存器（R［1］）形式给出的。位置变量是标准的位置数据存储变量，在对动作指令进行示教时，自动记录位置数据。位置编号在每次为程序示教动作指令时被自动分配。位置寄存器则是用来存储位置数据的通用存储变量，位置寄存器中，可通过选择组编号而仅使某一特定动作组动作。为了增加程序的可读性，可为位置编号与位置寄存器编号添加注释，注释最多 16 个字符，例程如下：

4：J P［11：APPROACH POS］30% FINE

5：L PR［1：WAIT POS］300mm/s CNT50

3. 移动速度

移动速度的指定方法有两种：直接指定与寄存器指定。通过寄存器指定移动速度时，可在寄存器中进行移动速度的计算后，指定动作指令的移动速度。程序执行中的移动速度会受到速度倍率（1%~100%）的限制，速度单位随着所示教动作类型的不同而不同。当动作类型为关节时，在 1%~100% 范围内指定相对最大移动速度的比率，例如示教程序：J P［1］50% FINE，其中 50% 表示再现速度为最大关节速度的 50%。当动作类型为直线或圆弧时，根据速度单位的不同，移动速度的数值区间也不一样，详见表 5-3。

表 5-3　直线（或圆弧）动作时移动速度的取值范围

序号	单位	速度取值范围
1	mm/s	1~2000
2	cm/min	1~12000
3	in/min	0.1~4724.4
4	s	0.1~3200.0
5	ms	1~32000

4. 定位类型

动作指令中的定位类型用于机器人动作结束方法的定义，分为 FINE 与 CNT 两种，如图 5-13所示。采用 FINE 定位类型时，机器人在目标位置定位后，再向下一个目标位置移动。采用 CNT 定位类型时，机器人靠近目标位置但不在该位置停止，至于机器人与目标位置的接近程度，由 CNT 后面的数值来定义，数值越大偏移目标位置越远，取值范围为 0~

100。指定 0 时，机器人在最接近目标位置处动作，但不在目标位置定位而开始下一个动作。指定 100 时，机器人在目标位置附近不减速并立即向下一个目标位置动作。

若在含有 CNT 的动作指令后指定了待命指令，机器人停于目标位置后再执行待命指令。若执行多个距离短、速度快的 CNT 动作语句，即使 CNT 的值为 100，也会导致机器人减速。

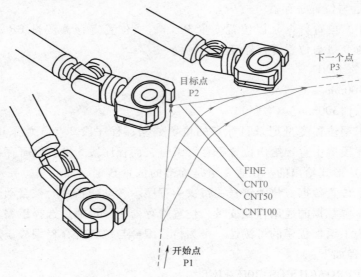

图 5-13　动作指令中的定位类型

5. 动作附加指令

动作附加指令是在机器人动作中使其执行特定作业的指令，包括：手动关节动作指令、加减速倍率指令、跳过指令、位置补偿指令、刀具补偿指令、增量指令等。

进行动作附加指令的示教，需将光标指向动作指令后，按 F4 "CHOICE" 键（图 5-14a），显示出动作附加指令一览（图 5-14b），选择准备添加的动作附加指令。

下面给出几种常用动作附加指令的应用说明。

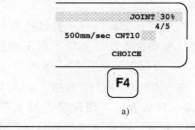

a)

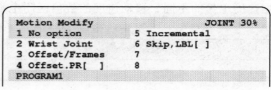

b)

图 5-14　添加动作附加指令

（1）手动关节动作指令（Wjnt）

一般情形下，机器人执行直线或圆弧轨迹动作时，其手腕的姿势将保持不变，而采用手动关节动作指令后，执行直线或圆弧轨迹动作时不对机械手腕的姿势进行控制。尽管机械手腕的姿势在运动中发生变化，但不会引起因为机械手腕轴的特殊点而造成机械手腕轴的反转动作，从而使得刀尖点正常地沿着编程轨迹运动。例程如下：

L P [i] 50mm/s FINE Wjnt

（2）加减速倍率指令（ACC）

加减速倍率指令指定机器人再现动作中加减速所需的时间比率。如图 5-15 所示，减小加减速倍率时，加减速时间将会延长；增大加减速倍率时，加减速时间将会缩短。加减速倍率取值范围为 0~150%。加减速倍率为 60% 时的例程如下：

J P [1] 50% FINE ACC60

有时加减速倍率值较大时会导致生硬的动作或振动，还有可能引起伺服报警。若出现此类现象应减小加减速倍率值或删除加减速倍率指令。

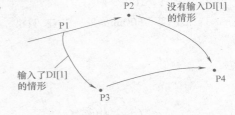

图 5-15　加减速倍率

（3）跳过指令（Skip，LBL［i］）

跳过指令一般格式为 SKIP CONDITION ［I/O］=［值］，程序示例如下：

J P ［1］ 50% FINE Skip，LBL ［3］。

编程时，应在跳过指令之前预先指定跳过条件指令。

机器人在向目标位置移动过程中，跳过条件满足时，机器人中途取消动作，执行下一行的程序语句。跳过指令在跳过条件尚未满足的情况下，在结束机器人动作后，跳到转移目的地标签。下面给出跳过指令的例程，在输入 DI［1］时，机器人运行轨迹为：P1→P3→P4；没有输入 DI［1］时，运行轨迹为 P1→P2→P4，如图 5-16 所示。

1：SKIP CONDITION DI ［1］ = ON

2：J P［1］100% FINE

3：L P［2］1000mm/sec FINE Skip，LBL［1］

4：J P［3］50% FINE

5：LBL［1］

6：J P［4］50% FINE

图 5-16　跳过指令

若需将跳过条件成立时刻机器人的位置存储在由程序指定的位置寄存器中，可采用高速跳过功能，其编程指令格式如下：Skip，LBL ［10］，PR ［5］=LPOS 或 JPOS。高速跳过功能中的跳过条件的示教与通常的跳过功能情形相同，其指令也是通过动作附加指令的菜单予以选择。

（4）位置补偿指令（Offset）

位置补偿指令一般与位置补偿条件指令配合使用。位置补偿条件指令需在位置补偿指令前执行，主要包含指定偏移方向与偏移量的位置寄存器（PR[i]，i=1~10）以及用户坐标系编号（UFRAME[j]，j=1~5），其格式如下：

OFFSET CONDITION PR ［i］（UFRAME ［j］）

执行位置补偿指令后，使机器人移动至目标位置的基础上再偏移位置补偿条件中所指定补偿量（PR ［1］）后的位置。位置偏移量一般相对于程序中指定的用户坐标系，若未指定，则位置偏移量相对于当前所选的用户坐标系，如图 5-17 所示。例程如下：

1：OFFSET CONDITION PR［1］

2：J P［1］100% FINE

3：L P[2]500mm/sec FINE Offset

编程时若采用直接位置补偿指令，将忽略位置补偿条件指令，而直接按照指定的位置寄存器值进行偏移。作为基准的坐标系，使用当前所选的用户坐标系。应用直接位置补偿指令的例程为：J P [1] 50% FINE Offset，PR [2]。

（5）工具补偿指令（Tool_ Offset）

工具补偿指令一般与工具补偿条件

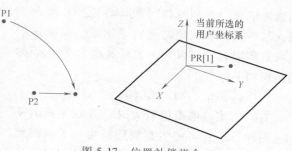

图 5-17　位置补偿指令

指令配合使用。工具补偿条件指令需在工具补偿指令前执行，主要包含指定偏移方向与偏移量的位置寄存器（PR [i]，$i=1\sim10$）以及工具坐标系编号（UTOOL [j]，$j=1\sim9$），其格式如下：

TOOL_ OFFSET CONDITION PR [i]（UTOOL [j]）

执行工具补偿指令后，使机器人移动至目标位置的基础上再偏移工具补偿条件中所指定补偿量（PR [i]）后的位置。位置偏移量一般相对于程序中指定的工具坐标系，若未指定，则位置偏移量相对于当前所选的工具坐标系，如图 5-18 所示。例程如下：

1：TOOL_ OFFSET CONDITION PR[1]

2：J P[1] 100% FINE

3：L P[2] 500mm/sec FINE Tool_ Offset

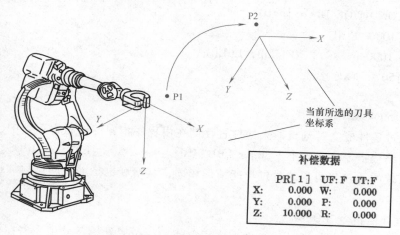

图 5-18　工具补偿指令

编程时若采用直接工具补偿指令，将忽略工具补偿条件指令，而直接按照指定的位置寄存器值进行偏移。作为基准的坐标系，使用当前所选的工具坐标系。应用直接工具补偿指令的例程为：J P [2] 500mm/s FINE Tool_ Offset，PR [2]。

（6）增量指令（INC）

增量指令将位置数据中所记录的值作为当前位置的移动增量，图 5-19 中 P1 点为第 1 个示教点，假设为当前位置；第 2 个点（P2）采用增量坐标形式，其位置数据的坐标值是用户坐标系 2（UF2）中相对于 P1 点的增量值，图中所示为：X500、Y100、Z100、W0、P0

与 R0。应用增量指令的例程如下：

1：J P[1]100% FINE

2：L P[2]500mm/sec FINE INC

增量值的指定分为四种情形：①位置数据为关节坐标值时，使用关节增量值；②位置数据中使用位置变量（P[i]）时，作为基准的用户坐标系，使用位置数据中指定的用户坐标系编号；③位置数据中使用了位置寄存器（PR[i]）的情形下，作为基准的用户坐标系，使用当前所选的用户坐标系；④在使用位置补偿指令与工具补偿指令的情形下，动作语句中位置数据的数据格式与补偿用位置寄存器的数据格式应当一致，此时补偿量作为所指定增量值的补偿量来使用。

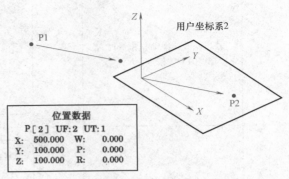

图 5-19　增量指令（INC）

在进行增量指令示教时，应注意以下几点：①增量指令的示教会使位置数据成为未示教状态，位置数据需手工输入；②若对带有增量指令的动作指令位置修改时，增量指令将被自动删除；③具有增量指令的位置值是相对于前一位置变量的，若发生动作中断，需使机器人从上一个动作语句处重新开始执行。

二、动作类指令的示教

1. 修改标准动作指令

对于动作指令语句需要设定动作类型、移动速度、定位类型等许多项，可将经常使用的动作指令作为标准动作指令预先登录起来。表 5-4 给出了修改标准动作指令语句的操作方法。

表 5-4　修改标准动作指令语句

步骤	操作方法	操作提示
1	示教盒处于有效状态下，选定程序编辑画面	SAMPLE3　　　　　　　　　JOINT 30% 　　　　　　　　　　　　　　　1/1 [End] POINT　　　　　　　　　　TOUCHUP >
2	按下 F1"POINT"，出现标准动作指令语句一览	Joint default menu　　　　JOINT 30% 1　J　P[ ] 100% FINE 2　J　P[ ] 100% CNT100 3　L　P[ ] 1000cm/min FINE 4　L　P[ ] 1000cm/min CNT100 SAMPLE3 　　　　　　　　　　　　　　1/1 [End] ED_DEF　　　　　　　　　　TOUCHUP >

（续）

步骤	操作方法	操作提示
3	希望修改标准动作指令时,按F1"ED_DEF"(标准)	Default Motion　　JOINT 30%　1/4 1　J　P[ ]　100% FINE 2　J　P[ ]　100% FINE 3　L　P[ ]　1000cm/min CNT50 4　L　P[ ]　1000cm/min CNT50 DONE >
4	将光标移至希望修改的指令要素上,例如准备修改第2行程序的移动速度	Default Motion　　JOINT 30%　2/4 1　J　P[ ]　100% FINE 2　J　P[ ]　100% FINE 3　L　P[ ]　1000cm/min CNT50 4　L　P[ ]　1000cm/min CNT50 Enter value　　[CHOICE]　DONE >
5	选择数值键与功能键,修改指令要素。若需修改关节速度,可将光标指向速度显示,通过数值键输入新数值并确认	7　0 Old Value: 100 ENTER
6	按F4"CHOICE"(选择)时,可通过辅助菜单选择其他程序要素(例如:定位类型)	Motion Modify　　JOINT 30% 1 Fine　　5 2 Cnt　　6 3　　7 4　　8 Default Motion　　2/4 1　J　P[ ]　100% FINE 2　J　P[ ]　70% FINE 3　L　P[ ]　1000cm/min CNT50 4　L　P[ ]　1000cm/min CNT50 Select item　　[CHOICE]　DONE >
7	示教完成后,按F5"DONE"(完成)	DONE > F5

2. 示教动作指令

示教动作指令时需对构成动作指令的指令要素和位置数据同时进行示教。动作指令在创建标准指令语句后予以选择,此时将机器人当前位置作为位置数据存储在位置变量中。动作指令示教操作方法详见表5-5。

表 5-5　动作指令的示教

步骤	操作方法	操作提示
1	手动（JOG）操作机器人使其进给到期望的目标位置	−Z(J3) −Y(J2) −X(J1) +Z(J3) +Y(J2) +X(J1)　−Z(J6) −Y(J5) −X(J4) +Z(J6) +Y(J5) +X(J4)
2	将光标指向"End"（结束）	SAMPLE1　JOINT 30%　1/1　[End]　POINT　TOUCHUP >
3	按 F1"POINT"（点），显示出标准动作指令一览	Joint default menu　JOINT 30%　1 J P[ ] 100% FINE　2 J P[ ] 100% FINE　3 L P[ ] 1000cm/min CNT50　4 L P[ ] 1000cm/min CNT50　SAMPLE3　1/1　[End]　ED_DEF　TOUCHUP >
4	选择希望示教的标准动作指令，按"ENTER"键，对动作指令进行示教；同时对当前位置进行示教	Joint default menu　1 J P[ ] 100% FINE　2 J P[ ] 100% FINE　3 L P[ ] 10___ in　4 L P[ ] 10___　ENTER
5	对于相同的标准动作指令的示教，在按 SHIFT 键的同时按 F1"POINT"，追加上次所示教的动作指令	POINT　SHIFT F1　SAMPLE1　JOINT 30%　3/3　1: J P[1] 100% FINE　2: J P[2] 100% FINE　[End]　Position has been recorded to P[2].　POINT　TOUCHUP >

3. 示教动作附加指令

要进行动作附加指令的示教，将光标指向动作指令后，按 F4 "CHOICE"（选择），显示出动作附加指令一览，选择所希望的动作附加指令，操作方法详见表 5-6。

表 5-6 动作附加指令的示教

步骤	操作方法	操作提示

1	将光标指向动作语句结尾的空白处	PROGRAM1 JOINT 30%
		             4/5
		4: L P[3] 500mm/sec CNT10
		[End]
		
		          [CHOICE]

2	按 F4"CHOICE"，显示动作附加指令一览	Motion modify JOINT 30 %
		1 No option 5 Offset
		2 Wrist Joint 6 Offset,PR[ ]
		3 ACC 7 Incremental
		4 Skip,LBL[] 8 ---next page---
		                  4/5
		   4:J P[3] 100% FINE
		[End]
		             [CHOICE]

3	选择附加项，以加减速倍率指令 ACC 的示教为例	Motion Modify 1 No option 5 2 Wrist Joint 6 3 ACC 7 4 Skip,LBL[ ] 8 PROGRAM1

4	输入的加减速倍率为150	PROGRAM1 JOINT 30%
		             4/5
		 4: L P[3] 500mm/sec CNT10
		 : ACC 150
		[End]
		
		          [CHOICE]

4. 示教增量指令

增量指令的示教会导致位置数据成为未示教状态，需在位置数据中输入增量值。表 5-7 给出增量指令示教的具体方法。

表 5-7 增量指令的示教

步骤	操作方法	操作提示
1	将光标指向动作语句结尾的空白处	JOINT 30% 4/5 500mm/sec CNT10 [CHOICE] F4

（续）

步骤	操作方法	操作提示

2	按 F4"CHOICE"，显示动作附加指令一览	<pre>Motion modify JOINT 30 %
		 1 No option 5 Offset
		 2 Wrist Joint 6 Offset,PR[ ]
		 3 ACC 7 Incremental
		 4 Skip,LBL[] 8 ---next page---
		PROGRAM1
		                                    4/5
		   4:J P[3] 100% FINE</pre>

3	选择"7 Incremental"，添加增量指令（INC）	<pre>SAMPLE1 JOINT 30 %
		                                    4/5
		   4:J P[3] 100% FINE INC
		[End]
		                            [CHOICE]</pre>

4	将光标移至位置编号 P[3]，按 F5"POSITION"键	<pre>SAMPLE1 JOINT 30 %
		                                    4/5
		   4:J P[3] 100% FINE INC
		[End]
		                   [CHOICE] POSITION</pre>

5	出现位置详细（Position Detail）画面后，输入位置增量值（X、Y、Z、W、P、R）	<pre>Position Detail
		 P[3] GP:1 UF:0 UT:1 CONF:N 00
		   X 500.000 mm W 0.000 deg
		   Y 100.000 mm P 0.000 deg
		   Z 100.000 mm R 0.000 deg
		SAMPLE1
		                                    4/5
		   4:J P[3] 100% FINE INC
		[End]
		          PAGE CONFIG DONE [REPRE]</pre>

6	按 F4"DONE"，完成增量位置数据的示教	<pre> CONFIG DONE [REPRE] F4</pre>

5. 特殊点检查

机器人位于特殊点附近，不允许以笛卡儿坐标类型的位置数据进行动作语句的示教或位置修改，否则在执行该动作指令时，机器人会以与所示教时不同的姿势动作。为了防止笛卡儿坐标系下特殊点位置的示教，可启用特殊点检查功能，具体将系统变量"$MNSING_CHK"设为"TRUE"（有效），除此外还要求：①动作语句程序附加指令中没有增量指令、位置补偿指令与工具补偿指令；②位置数据中用户坐标系编号为 0。此时，若进行动作语句的示教或位置修改将出现"TPIF-060 Can't record on Cartesian（G：1）"、"MOTN-023 In singularity"等报警，同时示教盒上出现"Record current position on joint"，即要求在关节类型下进行示教的提示。

三、控制类指令

控制类指令是除了动作指令外对在机器人上所使用程序指令的总称。具体包括：寄存器指令、位置寄存器指令、软浮动指令、I/O 指令、转移指令、待命指令、码垛指令等。要对控制指令进行示教，按 F1 键 "INST"（指令），显示出辅助菜单后进行选择。

1. 寄存器指令

寄存器指令是进行寄存器算术运算的指令，又分为寄存器指令、位置寄存器指令、位置寄存器要素指令与码垛寄存器指令四种。

（1）寄存器指令（R [i]）

寄存器指令是用来进行寄存器算术运算的指令，寄存器可用来存储整数型或小数型变量，标准情况下提供 200 个寄存器。可直接或间接将某数值赋给寄存器，其一般形式为：R[i]=（值）指令，这里的值可以是常数，也可以是组输入/输出信号、模拟输入/输出信号、数字输入/输出信号等。寄存器的运算指令除了+、-、*、/外，还有 MOD（求余数）、DIV（求商的整数部分）等。下面给出一段包含数字输入信号的寄存器指令例程：R[2]=R[1]+DI [1]，程序执行结果将数字输入信号 1 的状态与 R [1] 寄存器值相加后赋值给 R[2] 寄存器。

（2）位置寄存器指令（PR[i]）

位置寄存器是用来存储位置数据（X、Y、Z、W、P、R）的变量，标准情况下有 10 个位置寄存器（PR [i]，$i=1\sim10$）。可直接或间接将位置数据代入位置寄存器，其一般形式为：PR [i] =（值）指令，这里的值可以是位置寄存器的值，也可以是当前位置坐标值（Lpos、Jpos）等。

下面给出一段与位置寄存器指令相关的例程：

1：PR[1]=Lpos

2：PR[2]=Jpos

3：PR[3]=UFRAME[1]

4：PR[4]=UTOOL[1]

其中 Lpos、Jpos 分别表示当前位置的笛卡儿坐标值与关节坐标值；UFRAME [i]、UTOOL [i] 分别表示用户坐标系 [i] 与工具坐标系 [i] 的值。

（3）位置寄存器要素指令（PR[i, j]）

位置寄存器要素指令 PR[i, j] 是进行位置寄存器算术运算的指令，其中 i 表示位置寄存器编号，j 表示位置寄存器要素编号，笛卡儿坐标系下，寄存器要素编号 $1\sim6$ 分别对应于 X、Y、Z、W、P、R；关节坐标系下，寄存器要素编号 j 表示第 j 个关节轴的角度值。位置寄存器要素指令可进行代入、加减运算等，与寄存器指令的使用方式类似。

位置寄存器要素指令的例程：PR[1, 2]=R[3]，将寄存器 R[3] 的值赋给位置寄存器 1 的第 2 个要素。

（4）码垛寄存器运算指令（PL[i]）

码垛寄存器运算指令是进行码垛寄存器算术运算的指令，存储有码垛寄存器要素（j，k，l）。其一般形式为：PL[i]=（值）指令，将码垛寄存器要素代入码垛寄存器；也可采用 PL[i]=（值）（算符）（值）指令进行算术运算，然后将该结果代入码垛寄存器。在所有程序中共可使用 16 个码垛寄存器。码垛寄存器运算指令例程：PL[2]=PL[1]+[1，2，1]，程序执行结果将码垛寄存器 PL［1］ 的值与码垛寄存器要素 ［1，2，1］ 相加后赋给码垛寄存器 PL［2］。

2. 输入/输出指令

输入/输出指令是读出外围设备输入信号状态或改变外围设备输出信号状态的指令，分为数字 I/O 指令 （DI/DO）、机器人 I/O 指令 （RI/RO）、模拟 I/O 指令 （AI/AO） 与组 I/O 指令 （GI/GO）。

（1） 数字输入/输出指令 （DI/DO）

数字 I/O 指令是用户可以控制的输入/输出指令。下面给出几种常见的使用情形：

R［i］=DI［i］ 指令，执行的结果将数字输入的状态 DI［i］ 存储到寄存器 R［i］ 中。

DO［i］=ON/OFF 指令，执行的结果是接通或断开所指定的数字输出信号 DO［i］。

DO［i］=PULSE，［时间］ 指令，仅在所指定的时间内接通所指定的数字输出；在没有指定时间的情况下，脉冲输出时间由系统变量 $ DEFPULSE （单位：0.1s） 所指定。

DO［i］=R［i］ 指令，根据所指定的寄存器 R［i］ 值接通或断开所指定的数字输出信号 RO ［i］；若寄存器值为 0 时就断开，0 以外的值时就接通。

（2） 机器人输入/输出指令 （RI/RO）

机器人输入 （RI） 和机器人输出 （RO） 指令是用户可以控制的输入/输出信号，其使用方法与数字 I/O 指令相同。说明如下：

R［i］=RI［i］ 指令，将机器人输入的状态 RI［i］ 存储到寄存器 R［i］ 中。

RO［i］=ON/OFF 指令，接通或断开所指定的机器人数字输出信号 RO［i］。

RO［i］=PULSE，［时间］ 指令，仅在所指定的时间内接通机器人输出信号 RO［i］，没有指定的情况下，由系统变量 $ DEFPULSE （单位：0.1s） 指定接通时间。

RO［i］=R［i］ 指令，根据所指定的寄存器 R ［i］ 值接通或断开所指定的机器人输出信号 RO ［i］；若寄存器值为 0 时就断开，0 以外的值时就接通。

（3） 模拟输入/输出指令 （AI/AO）

模拟输入 （AI） 与模拟输出 （AO） 信号是连续值的输入/输出信号，表示该值的大小为温度、电压之类的数据值。下面给出几种常见的使用情形：

R［i］=AI［i］ 指令，将模拟输入信号 AI［i］ 的值存储在寄存器 R［i］ 中。

AO［i］=（值） 指令，向所指定的模拟输出信号 AO［i］ 输出指定的值。

AO［i］=R［i］ 指令，向模拟输出信号 AO［i］ 输出寄存器 R［i］ 的值。

（4） 组输入/输出指令 （GI/GO）

组输入 （GI） 与组输出 （GO） 指令是对 2~16 个数字输入/输出信号进行分组，以一个指令来控制这些信号。下面给出几种常见的使用情形：

R［i］=GI［i］ 指令，将所指定组输入信号 GI［i］ 的二进制值转换为十进制数的值代入所指定的寄存器 R［i］。

GO［i］=（值） 指令，是将经过二进制变换后的值输出到指定的组输出 GO［i］ 中。

GO［i］=R［i］ 指令，是将所指定寄存器 R［i］ 值经过二进制变换后输出到指定的组输出 GO［i］ 中。

3. 转移指令

转移指令功能在于使程序的执行从某一行转移到其他行处继续执行，可分为四类：标签指令、程序结束指令、无条件转移指令与条件转移指令。

（1）标签指令

标签指令（LBL[i]）用来表示程序转移目的地的指令，为了说明标签还可以追加注释，需注意标签指令中的标签编号不能进行间接指定。例程如下：

1：LBL[1]

2：LBL[3：hand close]

（2）程序结束指令

程序结束指令（END）执行后将中断程序的执行。在被调用程序中执行 END 指令后将返回调用源程序。

（3）无条件转移指令

无条件转移指令执行后将从程序的某一行转移到程序的其他行处继续执行。无条件转移指令分为跳跃指令与程序调用指令两类。跳跃指令 JMP LBL [i] 的执行将使程序的执行转移到该程序内所指定的标签 LBL[i]；而程序调用指令 CALL（被调用程序名）将使程序的执行转移到被调用程序的第 1 行后继续执行，被调用程序执行结束时将返回到调用程序。

（4）条件转移指令

条件转移指令是根据某一条件是否已经满足而从程序的某一场所转移到其他场所时使用，条件转移指令分为条件比较指令与条件选择指令两种。

条件比较指令分为：寄存器条件比较指令、I/O 条件比较指令与码垛寄存器条件比较指令三类。

寄存器条件比较指令的一般格式为 IF R[i]（算符）（值）（处理），将寄存器值 R [i]与后面的值进行比较，若比较正确，就执行处理；这里的算符包括 =、>、<、> =、< =、<>等。

I/O 条件比较指令、码垛寄存器条件比较指令分别用（I/O）、PR[i] 代替 R[i]，其他格式与寄存器条件比较指令相同。

条件比较指令的使用例程如下：

1：IF PR[1]=R[2],JMP LBL[1]

2：IF PR[2]<>[1,1,2],CALL SUB1

3：IF PR[R[3]]<>[*,*,2-0],CALL SUB1

程序段 3 中"＊"表示无指定，"2-0"则采用余数指定，表示除以 2 后得到的余数为 0 的数。

条件选择指令由多个寄存器比较指令构成。编程时将寄存器的值与几个值进行比较，选择比较正确的语句，进行处理。其一般格式如下：

SELECT R[i]=（值）（处理）

=（值）（处理）

=（值）（处理）

ELSE （处理）

如果寄存器的值与其中一个值一致，则执行与该值相对应的跳跃指令或子程序调用指令；如果寄存器的值与任何一个值都不一致，则执行与 ELSE 相对应的跳跃指令或子程序调用指令。例程如下：

11：SELECT R［1］=1，JMP LBL［1］

12：　　　　　　　　=2，JMP LBL［2］

13：　　　　　　　　=3，JMP LBL［3］

14：　　　　　　　　ELSE，CALL SUB2

4. 待命指令

待命指令就是使程序处于等待状态的指令，分为指定时间的待命指令与条件待命指令。指定时间待命指令，使程序执行在指定时间内待命，时间单位为 s，例如使程序等待 10.5s 可编程：WAIT 10.5s。条件待命指令在指定的条件得到满足或经过超时时间之前使程序执行待命，超时时间在系统设定画面"14 WAIT timeout"中设置。

条件待命指令可分为寄存器条件待命指令、I/O 条件待命指令与错误条件待命指令三类。

（1）寄存器条件待命指令

寄存器条件待命指令对寄存器值和另外一方的值进行比较，在条件得到满足之前待命。其指令的一般格式为 WAIT（变量）（算符）（值）（处理），此处变量主要分为寄存器变量 R［i］与系统变量，算符包括：<、>=、=、<=、<、<>六种，值既可以是常数也可以是寄存器变量 R［i］，处理分为两种情形：在无指定时，待命时间为无限长；若指定 TIMEOUT，LBL［i］时，待命时间达到系统设定的超时时间但条件尚未满足时将跳转至指定标签处执行。例程如下：

1：WAIT R［1］>200

2：WAIT R［2］<>1，TIMEOUT，LBL［1］

程序段 1 中没有指定待命时间，在条件 R［1］：200 没有得到满足前程序将一直处于待命状态；程序段 2 执行时若 R［2］：：1 条件没得到满足，但在待命时间达到系统设定的超时时间后程序将向 LBL［1］标签处转移。

（2）I/O 条件待命指令

I/O 条件待命指令对 I/O 的值与另一方的值进行比较，在条件得到满足之前待命。其指令的一般格式与寄存器条件待命指令格式相同，不同之处在于变量与值的类型。例程如下：

1：WAIT RI［1］=R［1］

2：WAIT DI［2］<>OFF，TIMEOUT，LBL［1］

（3）错误条件待命指令

错误条件待命指令在发生所设定的错误编号报警之前待命，其指令的一般格式为 WAIT ERR_ NUM=（值）（处理）。错误编号（ERR_ NUM）中并排显示报警 ID 和报警编号，以 aabbb 形式显示，其中 aa 为报警 ID、bbb 为报警编号。例如：在发生"SRVO-006 Hand broken"（伺服-006 机械手断裂）报警的情况下，伺服报警 ID 为 11，报警编号为 006，此时错误编号为 11006。若存在多个待命条件，可在条件语句中使用逻辑运算符 AND、OR 等。逻辑积的一般格式为：WAIT <条件 1> AND <条件 2> AND <条件 3>；逻辑和的一般格式为 WAIT <条件 1> OR <条件 2> OR <条件 3>。但需注意：逻辑运算符 AND 和 OR 不能组合使用。

5. 跳过条件指令

跳过条件指令是预先指定在跳过指令中使用的跳过条件，在执行跳过指令前需要先执行跳过条件指令。曾被指定的跳过条件在程序执行结束前或在下一个跳过条件指令前有效。跳过条件转移指令，可在条件语句中使用逻辑运算符（AND、OR），在一行中对多个条件进行示教。机器人向目标位置移动过程中，跳过条件满足时，机器人将取消动作而执行下一行的程序语句，跳过条件尚未满足的情况下，在结束机器人动作后将跳转到目的地标签行。跳过条件也分为寄存器条件指令、I/O 条件指令与错误条件指令，其指令的一般格式为 SKIP CONDITION（变量）（算符）（值）。例程如下：

1：SKIP CONDITION DI［R［1］］＜＞ON

2：J P［1］100% FINE

3：L P［2］1000mm/sec FINE Skip，LBL［1］

4：J P［3］50% FINE

5：LBL［1］

程序执行到第 3 行，当 DI［R［1］］不为 ON 时，取消本行程序的执行而直接执行下一行；当 DI［R［1］］一直为 ON 时，在第 3 段程序执行完成后跳转至第 5 行继续执行。

6. 坐标系指令

坐标系指令用于改变机器人作业时的笛卡儿坐标系，包括坐标系设定指令与坐标系选择指令。

（1）坐标系设定指令

坐标系设定指令分为工具坐标系设定指令与用户坐标系设定指令。工具坐标系设定指令格式为 UTOOL［i］＝（值），$i = 1 \sim 10$ 为工具坐标系编号，（值）由位置寄存器 PR［j］指定；用户坐标系设定指令格式为 UFRAME［i］＝（值），$i = 1 \sim 9$ 为用户坐标系编号，（值）由位置寄存器 PR［j］指定。例程如下：

1：UTOOL［1］＝PR［1］

2：UFRAME［3］＝PR［2］

（2）坐标系选择指令

坐标系选择指令分为工具坐标系选择指令与用户坐标系选择指令，分别用于改变当前所选的工具坐标系编号与用户坐标系编号。工具坐标系选择指令格式为 UTOOL_ NUM =（值），（值）可采用寄存器变量 R［i］或常数（0～10）形式；用户坐标系选择指令格式为 UFRAME_ NUM =（值），（值）可采用寄存器变量 R［i］或常数（0～9）形式。例程如下：

1：UFRAME_NUM = 1

2：J P［1］100% FINE

3：L P［2］500mm/sec FINE

4：UFRAME_NUM = 2

5：L P［3］500mm/sec FINE

6：L P［4］500mm/sec FINE

程序中 1、2 号点的位置值相对于 1 号用户坐标系，3、4 号点的位置值则相对于 2 号用户坐标系。

7. 程序控制指令

程序控制指令是进行程序执行控制的指令，包括暂停指令、强制结束指令等。

（1）暂停指令（PAUSE）

暂停指令执行后将停止程序的执行，对于动作中的机器人将减速后停止。具体说明如下：①暂停指令前存在平顺（CNT）动作语句的情况下，不等待动作的完成就停止运动；②光标移动到下一行，通过再启动从下一行执行程序；③动作中的程序计时器停止，通过程序再启动，程序计时器被激活；④执行脉冲输出指令时，在执行完该指令后程序停止；⑤执行程序调用指令外的指令时，在执行完该指令后程序停止。

（2）强制结束指令（ABORT）

强制结束指令可结束程序的执行，使动作中的机器人减速后停止。具体说明如下：①强制结束指令前存在带有平顺（CNT）动作语句的情况下，执行中的动作语句，不等待动作完成就停止；②光标停在当前行；③执行完强制结束指令后，不能继续执行程序。基于程序调用指令的主程序信息等将会丢失。

8. 码垛指令（PALLETIZING）

对于要求从下段到上段按照一定顺序堆叠工件时（图5-20），可采用码垛指令编程。应用堆垛指令编程时只需要对几个具有代表性的点进行示教。与码垛操作相关的指令有码垛模式指令、码垛动作指令以及码垛结束指令。

（1）码垛模式指令

根据码垛寄存器值、堆叠模式与路径模式可以计算出当前堆叠点的位置与

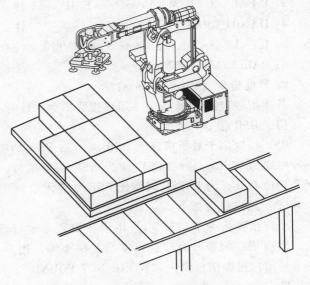

图 5-20　码垛指令

路径，并将计算结果写入码垛动作指令的位置数据。按照堆叠模式和路径模式的不同，码垛分为四种模式，见表5-8。

表 5-8　码垛模式

模式	可以设定的码垛
B	堆叠模式简单,路径模式只有 1 种
BX	堆叠模式简单,路径模式有多种
E	堆叠模式复杂,路径模式只有 1 种
EX	堆叠模式复杂,路径模式有多种

码垛模式指令的一般格式为 PALLETIZING-［模式］_i，模式为表5-8中所列出的一种，用字母表示；i 为码垛的编号，取值范围为1~16。

（2）码垛动作指令

码垛动作指令是以使用具有趋近点、堆叠点、回退点的路径点作为位置数据的动作指令，是码垛专用的动作指令。码垛动作指令的一般格式为 J PAL_i［路径点］100% FINE，其中，i 为码垛编号（1~16）；路径点分为趋近点（A_n，$n=1$~8）、堆叠点（BTM）、回

退点（R_ n，$n = 1 \sim 8$）三种。

（3）码垛结束指令

码垛结束指令用于对码垛寄存器值的增减处理，其指令的一般格式为 PALLETIZING-END_ i，i 取值范围 $1 \sim 16$。

下面给出一段应用码垛指令的程序：

1：PALLETIZING-B_ 3	注：B 模式码垛指令
2：L PAL_ 3 ［A_ 1］100mm/sec CNT10	注：趋近点 A_ 1
3：L PAL_ 3 ［BTM］50mm/sec FINE	注：堆叠点
4：HAND1 OPEN	注：手爪开启
5：L PAL_ 3 ［R_ 1］100mm/sec CNT10	注：回退点
6：PALLETIZING-END_ 3	注：码垛结束指令

9. 其他指令（Miscellaneous）

其他指令包括 RSR 指令、用户报警指令、计时器指令、倍率指令等。

（1）RSR 指令

RSR 指令用于对所指定的 RSR 编号的 RSR 功能进行有效/无效的切换控制。其指令的一般格式为 RSR ［i］=（值），i 为 RSR 信号编号，取值为 $1 \sim 4$；（值）为 ENABLE 时使 RSR 功能有效，为 FALSE 时则使 RSR 功能无效。

（2）用户报警指令

用户报警指令 UALM ［i］用于在报警显示行显示预先设定的用户报警编号的报警消息，出现用户报警时会使执行中的程序暂停。用户报警指令的一般格式为 UALM ［i］。若将 1 号用户报警信息设为"WORK NOT FOUND"，程序执行到 UALM ［1］指令时将显示上述报警。

（3）计时器指令

计时器指令用来启动或停止程序计时器，其指令的一般格式为 Timer ［i］=（处理）。（处理）的值分为 START、STOP 与 RESET 三种，其功能分别为启动定时器、停止计时器与复位计时器。程序计时器的值超过 2147483.647s 时将溢出，可使用寄存器指令进行检查其是否溢出。例程如下：

R ［1］=TIMER_ OVER_ FLOW ［1］

如果 R ［1］=0，则计时器 ［1］尚未溢出；如果 R ［1］=1，则计时器 ［1］已经溢出。

（4）倍率指令

倍率指令用来改变速度倍率，其一般格式为 OVERRIDE =（值），（值）范围为 $1\% \sim 100\%$。

（5）注释指令

注释指令用来在程序中记载注释，不影响程序的执行。注释指令的一般格式为!（注释），可以使用 32 个字符以内的数字、字符、*、_、@等符号。注释指令的使用例程如下：

1：! APPROACH POSITION

（6）消息指令

消息指令可将所指定的消息显示在用户画面上。消息可包含 $1 \sim 24$ 个字符，执行消息指令时，自动切换到用户画面。消息指令的一般格式 MESSAGE［消息语句］。例程如下：

1：MESSAGE［DI［1］NOT INPUT］

（7）参数指令

参数指令可以改变系统变量值，也可以将系统变量值读到寄存器中。通过使用该指令可创建读写系统变量的程序，其一般格式为 $（系统变量名）=（值）或（值）= $（系统变量名）。系统变量包括变量型数据与位置型数据，变量型系统变量可代入寄存器，位置型系统变量可代入位置寄存器。而位置数据型系统变量有三类：笛卡儿型（XYZWPR）、关节型（J1～J6）与行列型（AONL 型）。在将位置数据型系统变量赋与位置寄存器的情况下，位置寄存器的数据类型将变换为与系统变量的数据类型相一致。

参数指令写入的例程如下：

1： $ SHELL_CONFIG. $ JOB_BASE = 100

参数指令读出的例程如下：

1：R［1］= $ SHELL_CONFIG. $ JOB_BASE

（8）最高速度指令

最高速度指令设定程序中动作速度的最大值，分为用来设定关节动作速度的指令与用来设定路径控制动作速度的指令。如果程序中的速度指令超过最高速度指令的设定值，将按照最高速度指令所指定的值执行。

关节最高速度指令的一般格式为 JOINT_MAX_SPEED［i］=（值），其中 i 为轴编号，（值）可以是常数也可以是寄存器变量 R［i］，单位为 deg/s。例程如下：

JOINT_MAX_SPEED［3］= R［3］

路径控制最高速度指令的一般格式为 LINEAR_MAX_SPEED =（值），（值）可以是常数，也可以是寄存器变量 R［i］，单位为 mm/s。例程如下：

LINEAR_ MAX_ SPEED = 100

四、控制类指令的示教

对控制类指令进行示教，需按 F1 "INST"（指令）键，显示出辅助菜单后再选择具体操作项。

1. 寄存器指令的示教

表 5-9 给出了寄存器指令 R［i］的示教操作方法。

表 5-9　寄存器指令的示教

步骤	操作方法	操作提示
1	选定程序编辑画面，将光标指向"End"（结束）	PROGRAM1　　　　　　　　JOINT 30% 　　　　　　　　　　　　　　　2/2 1: J P[1] 100% FINE [End] [INST]　　　　　　　　　　[EDCMD] >

（续）

步骤	操作方法	操作提示
2	按 F1 "INST"（指令）	[INST] F1
3	显示出控制指令一览	Instruction　　　　　　　　JOINT 30% 1 Registers　　　5 JMP/LBL 2 I/O　　　　　　6 CALL 3 IF/SELECT　　 7 Palletizing 4 WAIT　　　　　8 ---next page--- PROGRAM
4	要对寄存器指令进行示教，选择"Registers"（寄存器）并确认	Instruction 1 Registers　　　5 2 I/O　　　　　　6 3 IF/SELECT　 ENTER 7 4 WAIT　　　　　8
5	选择在寄存器 R[1] 的值上加 1 的指令	REGISTER statement　　　　JOINT 30% 1 ...=...　　　　5 ...=.../... 2 ...=...+...　　6 ...=...DIV... 3 ...=...-...　　7 ...=...MOV... 4 ...=...*...　　8 PROGRAM1
6	选择寄存器"R[ ]"选项	REGISTER statement　　　　JOINT 30% 1 R[ ]　　　　　5 2 PL[ ]　　　　6 3 PR[ ]　　　　7 4 PR[i,j]　　　8 PROGRAM1 　　　　　　　　　　　　2/3 2: ...=...+... [End]
7	选择"R[ ]"或"Constant"（常数）等	REGISTER statement　　　　JOINT 30% 1 R[ ]　　　　　5 RO[ ] 2 Constant　　　6 RI[ ] 3 DO[ ]　　　　7 GO[ ] 4 DI[ ]　　　　8 ---next page--- PROGRAM1 　　　　　　　　　　　　2/3 2: R[1]=R[1]+... [End]
8	完成指令输入	PROGRAM11　　　　　　　　JOINT 30% 　　　　　　　　　　　　3/3 1: J　P[1] 100% FINE 2:　　R[1]=R[1]+1 [End] [INST]　　　　　　　　[EDCMD] >

2. 位置寄存器指令的示教

位置寄存器指令的示教前四步与寄存器指令的示教相同。若需向位置寄存器示教当前位置笛卡儿坐标值，可按表 5-10 所示步骤进行。

表 5-10　位置寄存器指令的示教

步骤	操作方法	操作提示
1~4	见表 5-9	见表 5-9
5	在寄存器声明画面选择 "PR[ ]"	REGISTER statement　　　　JOINT　30 % 1 R[ ]　　　　　5 2 PR[ ]　　　　6 3 PR[i,j]　　　7 4　　　　　　　8 PRG1
6	选择 "Lpos"，即当前位置笛卡儿坐标值	REGISTER statement　　　　JOINT　30 % 1 Lpos　　　　5 UTOOL[ ] 2 Jpos　　　　6 PR[ ] 3 P[ ]　　　　7 4 UFRAME[ ]　8 PRG1　　　　　　　　　　　　2/3 　2:　PR[1]=... [End] Select item 　　　　　　　[CHOICE]
7	将 "LPOS" 赋予位置寄存器 "PR[1]"	PROGRAM1　　　　　　JOINT 30% 　　　　　　　　　　　3/3 　2:　PR[1]=LPOS [End] [INST]　　　　　[EDCMD] >

3. 输入/输出指令的示教

输入/输出指令的示教前三步与寄存器指令的示教相同。表 5-11 以机器人输出指令 RO[1] 置 ON 为例说明 I/O 指令的示教方法。

表 5-11　I/O 指令的示教

步骤	操作方法	操作提示
1~3	见表 5-9	见表 5-9
4	在指令（Instruction）选择中，选择 "I/O"	Instruction 1 Registers　　5 2 I/O　　　　　6 3 IF/SELECT　7 4 WAIT　　　　8
5	选择 "3 RO[ ]" 选项	I/O statement　　　　JOINT　30 % 1 DO[ ]=...　　5 GO[ ]=... 2 R[ ]=DI[ ]　6 R[ ]=GI[ ] 3 RO[ ]=...　　7 WO[ ]=... 4 R[ ]=RI[ ]　8 ---next page--- PRG1

（续）

步骤	操作方法	操作提示

6	选择"ON"选项	<pre>I/O statement JOINT 30%
		1 On 5
		2 Off 6
		3 Pulse (,width) 7
		4 R[ ] 8
		PROGRAM1
		                        2/3
		 2: RO[1]=...
		[End]</pre>

7	完成机器人输出指令"RO[1]"为ON的程序示教	<pre>PRG1 JOINT 30 %
		                        3/3
		 2: RO[1]=ON
		[End]
		
		[INST] [EDCMD]></pre>

4. 参数指令的示教

表 5-12 给出了参数指令的示教方法。

表 5-12　参数指令的示教

步骤	操作方法	操作提示

1	在程序编辑画面上按功能键 F1"INST"（指令），通过菜单选择"Miscellaneous"（其他指令）项。然后通过菜单选择"Parameter name"（参数）项。出现右图后，选择"2... = $..."	<pre>Miscellaneous stat JOINT 10%
		 1 $...=... 5
		 2 ...=$... 6
		 3 7
		 4 8
		PNS0001
		                        1/1
		[End]
		
		Select item
		                        [CHOICE]</pre>

2	选择"1:R[ ]"（寄存器）项，输入寄存器编号	<pre>Miscellaneous stat JOINT 10%
		 1 R[ ] 5
		 2 PR[ ] 6
		 3 7
		 4 8
		PNS0001
		1: ...=$...
		[End]
		
		Select item
		                        [CHOICE]</pre>
		<pre>PNS0001 JOINT 10%
		                        1/2
		1: R[1]=$...
		[End]
		
		Press ENTER
		                        [CHOICE]</pre>

（续）

步骤	操作方法	操作提示
3	按功能键 F4"CHOICE"（选择），显示系统变量菜单。按"ENTER"键，成为字符串输入状态	Parameter menu JOINT 10% 1 DEFPULSE 5 2 WAITTMOUT 6 3 RCVTMOUT 7 4 8 --- next page --- PNS0001 1/2 1: R[1]=$... [End] Select item [CHOICE]
4	选择"1 DEFPULSE"项	PNS0001 JOINT 10% 1/2 1: R[1]=$DEFPULSE [End] [INST] [EDCMD]
5	按下"ENTER"键的情形	JOINT 10% 1 Words 2 Upper Case 3 Lower Case 4 Options -- Insert -- PNS0001 1: R[1]=$... [End] $ [ ] .
6	输入系统变量名	DEFPULSE

5. 动作组指令的示教

动作组指令的示教操作见表 5-13。

表 5-13　动作组指令的示教

步骤	操作方法	操作提示
1	将光标指向除圆弧外的动作语句所在行编号	PROGRAM1 JOINT 30% 1: L P[1] 1000mm/sec CNT100 [End] [INST] TOUCHUP>

（续）

步骤	操作方法	操作提示
2	按 F1"INST"（指令），显示出控制指令一览	Instruction 1 Register 5 JMP/LBL 2 I/O 6 Independent GP 3 IF/SELECT 7 Simultaneous GP 4 WAIT 8 --- next page --- PROGRAM1
3	选择"Independent GP"（非同步动作），组 1 的内容转移到其他组	PROGRAM1 JOINT 30% 1: Independent GP : GP1 L P[1] 1000mm/sec CNT100 : GP2 L P[1] 1000mm/sec CNT100 [INST] [EDCMD]>

有关动作组指令内的动作语句按照与通常动作指令相同的操作，进行动作类型、速度与定位类型的编辑。

下列操作不能进行：①将动作类型改为圆弧；②指定位置数据类型（R [ ]、PR [ ]）；③更改位置编号；④动作附加指令的示教；⑤删除或新建动作组；⑥基于 SHIFT 与 TOUCHUP 键的位置修改等。

第三节　示教程序的修改

一、程序选择

程序选择也就是调用已经示教的程序。示教盒有效时，可以通过选择程序来强制结束当前执行中或暂停中的程序；而当示教盒无效时，如果存在执行中或暂停中的程序是无法选择其他程序的。选择程序需在程序一览画面上选择，具体操作详见表 5-14。

表 5-14　示教程序的选择

步骤	操作方法	操作提示
1	按下"MENUS"按键，显示画面菜单	MENUS
2	选择"SELECT"（一览），出现程序一览画面	代替步骤 1~2，也可直接按 SELECT 键来选择 Select JOINT 30% 61092 bytes free 3/5 1 SAMPLE1 JB[SAMPLE PROGRAM1] 2 SAMPLE2 JB[SAMPLE PROGRAM2] 3 SAMPLE3 JB[SAMPLE PROGRAM3] 4 PROG001 PR[PROGRAM001] 5 PROG002 PR[PROGRAM002] [TYPE] CREATE DELETE MONITOR [ATTR] >

（续）

步骤	操作方法	操作提示
3	将光标指向希望修改的程序（SAMPLE3.JB），按"ENTER"键,出现所选程序的编辑画面	SAMPLE3　　　　　　　　　　JOINT 30% 　　　　　　　　　　　　　　　1/6 　1　J　P[1] 100% FINE 　2　J　P[2] 70% CNT50 　3　L　P[3] 1000cm/min CNT30 　4　L　P[4] 500mm/sec FINE 　5　J　P[1] 100% FINE [End] POINT　　　　　　　　　　TOUCHUP >

二、动作指令修改

动作指令包括指令要素与位置数据等。以下就指令要素、位置数据与位置详细数据等的修改加以说明。

1. 更改指令要素

更改指令要素需按 F4"CHOICE"（选择）键，显示动作指令要素一览后予以选择。以"动作类型""位置变量""速度值""速度单位"与"定位类型"的更改为例加以说明，操作方法详见表 5-15。

表 5-15　指令要素的更改

步骤	操作方法	操作提示
1	将光标指向希望修改的动作指令要素（动作类型:L），按下 F4"CHOICE"（选择项）	SAMPLE1 　5: L　P[5] 500cm/min [End] [CHOICE] F4
2	显示"动作类型"选择项一览。 若准备将直线路径更改为关节动作，选择"1 Joint"并确认	Motion Modify 1 Joint 2 Linear 3 Circular 4　　　　　　ENTER
3	"位置变量"的更改:选中位置编号后按 F4"CHOICE"	SAMPLE1 　5: J　P[5] 100% CNT3 [End] [CHOICE] F4

（续）

步骤	操作方法	操作提示
4	显示位置变量的选择画面，选择"2 PR[ ]"并确认	Motion Modify 　1 P[ ] 　2 PR[ ] 　3 　4　　ENTER
5	"速度值"的更改	SAMPLE1 　2: J P[2] 100% FINE 　7　0　ENTER
6	"速度单位"的更改	SAMPLE1 　4: L P[2] 500cm/mm 　　[CHOICE] 　F4 Motion Modify　　　　　　　JOINT 30% 　1　mm/sec　　　5　sec 　2　cm/min　　　6　msec 　3　inch/min　　7 　4　deg/sec　　　8 SAMPLE1 　　　　　　　　　　　　　　4/6 　4: L P[4] 500cm/min CNT30 [End]
7	"定位类型"的更改	JOINT 30% 　　　　　　　　　　2/6 70% FINE 　　[CHOICE] 　F4 Motion Modify　　　　　　　JOINT 30% 　1　Fine 　2　Cnt 　3 　4 SAMPLE1 　　　　　　　　　　　　　　2/6 　2: L P[2] 70% FINE Select item 　　　　　　　　　　[CHOICE]

当关节运动或直线运动被更改为圆弧运动时，原来示教关节动作的终点将成为圆弧的中间点，而圆弧终点将成为尚未示教的状态，此时需要增加对其示教。

2. 修改位置数据

修改位置数据时需同时按下 SHIFT 与 F5 "TOUCHUP"键，结果将当前位置作为新的位置数据记录在位置变量中，相关操作详见表 5-16。

表 5-16 修改位置数据

步骤	操作方法	操作提示

1	将光标指向希望修改的动作指令行号	SAMPLE1 JOINT 30%
		    2/6
		  1 J P[1] 100% FINE
		  2 J P[2] 70% CNT50
		  3 L P[3] 1000cm/min CNT30
		  4 L P[4] 500mm/sec FINE
		  5 J P[1] 100% FINE
		[End]
		
		POINT TOUCHUP >

2	将机器人手动进给到新的位置，按住"SHIFT"键的同时按下 F5 "TOUCHUP"（位置修改），记录新的位置	TOUCHUP > SHIFT F5

3	对于有增量指令的动作指令，在对位置数据重新示教的情况下，删除增量指令	SAMPLE1 JOINT 30 %
		    4/5
		    4:J P[3] 100% FINE INC
		[End]
		Delete Inc option and record position ?
		               YES NO
		
		YES:删除增量指令，进行位置修改；
		NO:不进行位置修改

4	对于利用位置寄存器对位置变量进行示教的情况下，通过修改位置来修改位置寄存器的数据	SAMPLE1 JOINT 30 %
		    5/6
		    5:J PR[3] 100% FINE
		[End]
		Position has been recorded to PR[3].
		 POINT TOUCHUP>

3. 更改位置详细数据

可以在位置详细数据画面上直接改变位置数据的坐标值与形态，其操作详见表 5-17。

表 5-17　位置详细数据的更改

步骤	操作方法	操作提示
1	显示位置详细数据时，将光标指向位置变量，按 F5"POSITION"	SAMPLE 1 J P[1] 100% FINE 2 J P[2] 70% CNT50 3 L P[3] 1000cm/min 4 L P[4] 500mm/sec COMMENT CHOICE POSITION F5
2	出现位置详细数据画面	Position Detail　　　　　JOINT 30% P[2]　UF:0　UT:1　CONF:FT. 　X: 1500.374　mm　W: 40.000　deg 　Y: -342.992　mm　P: 10.000　deg 　Z: 956.895　mm　R: 20.000　deg 　　　　　　　　　　　　　　　2/6 2: J P[2] 70% CNT50 Enter value 　　　　　PAGE　CONFIG　DONE　[REPRE]
3	更改位置时，将光标指向各坐标值，输入新的数值	Position Detail　　　　　JOINT 30% P[2]　UF:0　UT:1　CONF:FT. 　X: 1500.374　mm　W: 40.000　deg 　Y: -300.000　mm　P: 10.000　deg 　Z: 956.895　mm　R: 20.000　deg
4	更改形态时，按 F3"CONFIG"（形态），将光标指向形态，使用 ↑、↓ 键输入新的形态值	CONFIG　DONE　[REPRE] F3 Position Detail　　　　　JOINT 30% P[2]　UF:0　UT:1　CONF:FT. 　X: 1500.374　mm　W: 40.000　deg 　Y: -300.000　mm　P: 10.000　deg 　Z: 956.895　mm　R: 20.000　deg 　　　　　　　　　　　　　　　2/6 2: J P[2] 70% CNT50 Select Flip or Non-flip by UP/DOWN key 　　　　　　　POSITION　DONE　[REPRE]

（续）

步骤	操作方法	操作提示
5	更改坐标系时，按 F5 "REPRE"选择要更改的坐标系	70% CNT5　1 Cartesian 　　　　　2 Joint CONFIG　DONE　[REPRE] **F5**
6	完成位置详细数据的更改后，按 F4 "DONE"（完成）	CONFIG　DONE　[REPRE] **F4**

三、控制指令修改

控制指令的修改主要包括指令的句法、要素与变量的修改。下面以"其他控制指令"的修改为例加以说明，详见表 5-18。

表 5-18　其他控制指令的修改

步骤	操作方法	操作提示
1	将光标指向指令要素，准备将"ON"改为寄存器变量"R[2]"	PROGRAM1　　　　　　　　　JOINT 30% 　　　　　　　　　　　　　　11/20 10: J P[5] 100% FINE 11: WAIT RI[1]=ON 12: RO[1]=ON 　　　　　　　　　　[CHOICE]
2	按下 F4 "CHOICE"（选择），显示选择的指令一览，选择希望更改的项"1 R[]"	Wait statements　　　　　JOINT　30 % 1 R[ ]　　　　　　　5 DO[ ] 2 Constant　　　　　6 DI[ ] 3 On　　　　　　　　7 RO[ ] 4 Off　　　　　　　8 ---next page--- PRG1 　　　　　　　　　　　　　　11/20 　11:　 WAIT RI[1]=ON 　12:　 RO[1]=ON Select item 　　　　　　　　　　[CHOICE]
3	输入数值"2"并确认后，结果如右图所示	PRG1　　　　　　　　　　　JOINT 30% 　　　　　　　　　　　　　　11/20 11: WAIT RI[1]=R[2] 12: RO[1]=ON 　　　DIRECT INDIRECT[CHOICE]　LIST

（续）

步骤	操作方法	操作提示
4	按下 F4"CHOICE"，选择"2 Timeout-LBL[ ]"，输入适当的标签数字	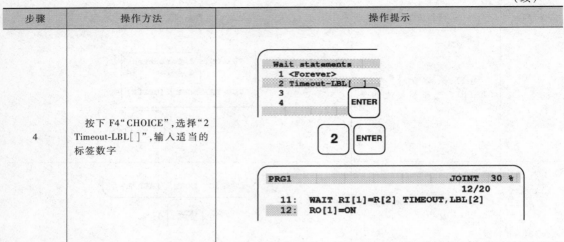

四、程序编辑指令

程序编辑指令分为插入（Insert）、删除（Delete）、复制（Copy）、查找（Find）、替换（Replace）与注释（Comment）等，通过按下 F5"EDCMD"（变量），显示编辑指令的一览（图 5-21）后予以选择。

1. 插入空白行

表 5-19 给出了在第 3 行和第 4 行之间插入两个空白新行的操作方法。

2. 删除程序语句

删除程序语句的前两步操作与表 5-19 相同。显示编辑指令菜单后应选择"2 Delete"，见表 5-20。注意一旦执行指令删除，已被删除的指令将无法恢复。删除程序语句时应进行充分确认，以免弄丢重要数据。

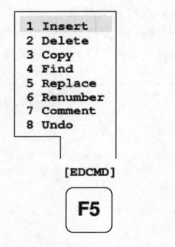

图 5-21　程序编辑指令一览

表 5-19　插入空白行

步骤	操作方法	操作提示
1	在第 4 行程序处，按 NEXT（下一页）键，显示 F5"EDCMD"（编辑）；如果程序画面已经显示"EDCMD"（编辑），无需再按"NEXT"键	

（续）

步骤	操作方法	操作提示
2	按 F5"EDCMD",显示编辑指令菜单	100% FIN　1 Insert 70% CNT5　2 Delete 1000cm/m　3 Copy 500mm/se　4 Find 100% FIN　5 Replace 　　　　6 Renumber 　　　[EDCMD] F5　ENTER
3	选择"Insert"(插入)	SAMPLE1　　　　JOINT 30% 　　　　　　　　4/6 1: J　P[1] 100% FINE 2: J　P[2] 70% CNT50 3: L　P[3] 1000cm/min CNT30 4: L　P[4] 500mm/sec FINE 5: J　P[1] 100% FINE [End] How many line to insert ?:
4	指定插入的行数:2	2　ENTER
5	结果在第3行后插入两行	SAMPLE1　　　　JOINT 30% 　　　　　　　　4/8 1: J　P[1] 100% FINE 2: J　P[2] 70% CNT50 3: L　P[3] 1000cm/min CNT30 4: 5: 6: L　P[4] 500mm/sec FINE 5: J　P[1] 100% FINE [INST]　　　　[EDCMD] >

表 5-20　删除程序语句

步骤	操作方法	操作提示
1~2	见表5-19	见表5-19
3	选择"2 Delete"(删除)	100% FIN　1 Insert 70% CNT5　2 Delete 1000cm/m　3 Copy 500mm/se　4 Find 100% FIN　5 Replace 　　　　6 Renumber 　　　[EDCMD] F5　ENTER

（续）

步骤	操作方法	操作提示
4	用↓、↑光标键来指定希望删除行的范围（第4行、第5行）	```3: L P[3] 1000cm/` `4: L P[4] 500mm/s` `5: J P[1] 100% FI` `[End]```
5	要删除所选行时，按F4"YES"，否则按F5"NO"	YES NO F4
6	第4、5行删除后的程序如右图所示	```SAMPLE1 JOINT 30%` ` 4/4` `1: J P[1] 100% FINE` `2: J P[2] 70% CNT50` `3: L P[3] 1000cm/min CNT30` `[End]`  `[INST] [EDCMD] >```

3. 复制程序语句

复制程序语句的前两步操作与表 5-19 相同。显示编辑指令菜单后应选择"3 Copy"，表 5-21 给出了将程序第 2~4 行复制到第 5~7 行的操作方法。

表 5-21　复制程序语句

步骤	操作方法	操作提示
1~2	见表 5-19。	见表 5-19
3	选择"3 Copy"（复制）	```1 Insert` `2 Delete` `3 Copy` `4 Find` `5 Replace` `6 Renumber`  `EDCMD`` F5 ENTER
4	选择要复制的行范围，按F2"COPY"键，所选语句被复制到存储器中	```1: J P[1]` `2: J P[2]` `3: L P[3]` `4: L P[4]` `5: J P[1]` `[End]` `Move cursor to select range` ` COPY`` F2

（续）

步骤	操作方法	操作提示
5	选择准备插入的指令行（将光标移至第 5 行）	PASTE **F5** SAMPLE1　　　　　　　　JOINT　30 % 　　　　　　　　　　　　　　5/6 　1:J P[1] 100% FINE 　2:J P[2] 70% CNT50 　3:L P[3] 1000cm/min CNT30 　4:L P[4] 500mm/sec FINE 　5:J P[5] 100% FINE INC [End] Paste before this line ? 　　　LOGIC　POS-ID　POSITION CANCEL> 　　R-LOGIC R-POS-ID R-POSITION CANCEL>
6	以选择 F3"POS-ID"（位置编号）为例,在不改变动作指令中位置编号的情形下插入复制的语句	POS-ID POSITION　CANCEL **F3**
7	复制在存储器中的指令即被插入,结果第 5~7 行与第 2~4 行的位置编号相同	SAMPLE1　　　　　　　　JOINT 30% 　　　　　　　　　　　　　　8/9 　1: J　P[1] 100% FINE 　2: J　P[2] 70% CNT50 　3: L　P[3] 1000cm/min CNT30 　4: L　P[4] 500mm/sec FINE 　5: J　P[2] 70% CNT50 　6: L　P[3] 1000cm/min CNT30 　7: L　P[4] 500mm/sec FINE 　8: J　P[1] 100% FINE [End] Select lines 　　　　　　　　COPY　　　　PASTE >
8	按 NEXT 键,显示下一个功能键菜单。按照相反的步骤复制各自的复制源指令	R-LOGIC R-POS-ID R-POSITION CANCEL> F2　　　F3　　　　F4　　　F5
9	要结束复制操作,按 PREV（返回）键	**PREV**

插入的方法除了选择 F3 "POS-ID" 外,还可以选择:F2 "LOGIC"（逻辑）,在动作指令位置编号为 [···],即未示教的状态下插入;选择 F4 "POSITION"（位置数据）,在动作指令中位置编号被更新、位置数据不改变的状态下插入。相反动作复制（R-LOGIC、R-POS-ID、R-POSITION）不支持以下动作附加指令的复制:①应用指令,②跳过、高速跳过指令,

③增量指令，④连续旋转指令，⑤先执行/后执行指令，⑥多组动作等。

4. 查找程序指令

查找程序指令的前两步操作与表 5-19 相同。显示编辑指令菜单后应选择"4 Find"，表 5-22给出了查找 LBL［1］指令的操作方法。

表 5-22　查找程序指令

步骤	操作方法	操作提示
1~2	见表 5-19	见表 5-19
3	选择"4 Find"（查找）	100% FIN 70% CNT5 1000cm/m 500mm/se 100% FIN 1 Insert 2 Delete 3 Copy 4 Find 5 Replace 6 Renumber [EDCMD] F5 ENTER
4	选择将要查找的指令 LBL	Select Find menu　　　　JOINT　30 % 1 Registers　　　5 JMP/LBL 2 CALL　　　　　6 Miscellaneous 3 I/O　　　　　　7 Program control 4 IF/SELECT　　　8 ---next page--- SAMPLE3 Select Find item　　　　JOINT　30 % 1 JMP LBL[ ]　　5 2 LBL[ ]　　　　6 3　　　　　　　7 4　　　　　　　8 SAMPLE3
5	输入指令索引值，并按"ENTER"键确认。如果没有输入索引值,将查找 LBL 指令	Enter index value ENTER
6	如果存在,光标将停在该指令位置。如要进一步查找相同指令,按 F4"NEXT"	SAMPLE3　　　　　　JOINT　30 % 　　　　　　　　　　　　1/10 1:J P[1] 100% FINE 2:　R[1]=0 3:　LBL[1] 4:L P[2] 1000cm/min CNT30 5:L P[3] 500mm/sec FINE 6:　IF DI[1]=ON JMP LBL[2] 7:　R[1]=R[1]+1 8:　JMP LBL[1] 9:　LBL[2] [End] NEXT　EXIT

（续）

步骤	操作方法	操作提示
7	要结束查找指令时，按 F5 "EXIT"（结束）	NEXT　　EXIT **F5**

5. 替换程序指令

替换程序指令的前两步操作与表 5-19 相同。显示编辑指令菜单后应选择"5 Replace"。若需将程序（图 5-22a）中的关节指令速度值全部替换为 50%（图 5-22b），表 5-23 给出了具体的操作方法。

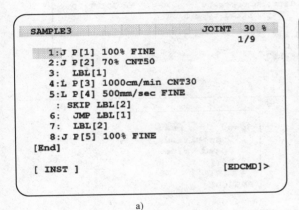

a)

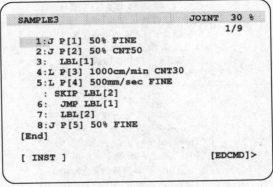

b)

图 5-22　程序关节速度值的替换

表 5-23　替换程序指令

步骤	操作方法	操作提示
1~2	见表 5-19	见表 5-19
3	选择"5 Replace"（替换）	1 Insert 2 Delete 3 Copy 4 Find 5 Replace 6 Renumber 　　　　EDCMD **F5**　ENTER

（续）

步骤	操作方法	操作提示

4	选择希望替换的指令要素。以"替换动作指令速度"为例,先选择替换菜单上的"5 Motion modify",然后在"修改运动菜单"上选择"1 Replace speed"	`Select Replace menu          JOINT  30 %`
		`  1 Registers         5 Motion modify`
		`  2 CALL               6`
		`  3 I/O                7`
		`  4 JMP/LBL            8`
		`SAMPLE3`
		
		`Modify motion menu           JOINT   30 %`
		`  1 Replace speed      5`
		`  2 Replace term       6`
		`  3 Insert option      7`
		`  4 Remove option      8`
		`SAMPLE3`

5	指定替换哪个动作类型的动作指令中的速度值。"1 Unspecified type":替换所有动作中的指令速度;"J(关节)":仅替换关节动作指令中的速度;"L(直线)":仅替换直线动作指令中的速度;"C(圆弧)":仅替换圆弧动作指令中的速度	`Select interporate           JOINT 30%`
		`  1 Unspecified type 5`
		`  2 J                 6`
		`  3 L                 7`
		`  4 C                 8`
		`SAMPLE3`
		`                              1/10`

6	指定替换哪个速度类型。"Unspecified":无指定;"Speed value":由数值指定;"R[ ]":由寄存器指定;"R[R[ ]]":由寄存器间接指定	`Speed type menu`
		`  1 Unspecified       5`
		`  2 Speed value       6`
		`  3 R[ ]              7`
		`  4 R[R[ ]]           8`
		`PNS0001`

7	指定替换哪个速度单位的速度值	`Select motion item`
		`  1 %                 5`
		`  2 mm/sec            6`
		`  3 cm/min`
		`  4 inch/min    [INPUT]`
		`PNS0001`

8	指定替换为哪个速度类型,以"1 Speed value"为例,需要输入速度值	`Speed type menu             JOINT  10 %`
		`  1 Speed value       5`
		`  2 R[ ]              6`
		`  3 R[R[ ]]           7`
		`  4                  8`
		`PNS0001`

9	输入希望更改的速度值	`Enter speed value:50` `[5] [0] [ENTER]`

（续）

步骤	操作方法	操作提示
10	选择替换方法。F2"ALL"（全部）：替换当前光标所在行以后的全部要素；F3"YES"：替换光标所在位置要素，并查找下一个；F4"NEXT"：查找下一个要素	Modify OK ?　　ALL　　YES　　NEXT　EXIT　　F2　F3　F4　F5
11	指令替换结束时，按 F5"EXIT"（退出）	

指令替换时需注意：不能以追踪/补偿指令或触控传感器指令来替换动作指令，否则会发生存储器写入报警。若要替换动作指令，可先删除动作指令，然后再插入触控传感器指令或追踪指令。

6. 其他编辑指令

除了前面所述的编辑指令外，还有更改位置编号（6 Renumber）、切换注释显示（7 Comment）、还原编辑操作（8 Undo）等操作。其中前两步操作均与表 5-19 相同，后面操作按画面提示即可。

第四节　示教程序的运行

示教程序的启动运行可借助：①示教盒，②操作面板或操作箱，③外围设备等。为了确保安全，启动程序时，只能从具有程序启动权限的装置进行。启动权限可通过示教盒上的有效开关（ON/OFF）以及系统设定菜单上的"遥控/本地设定"（Remote/Local setup）进行切换，如图 5-23 所示。

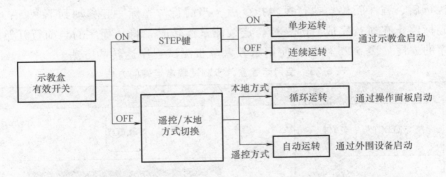

图 5-23　启动权限的设定

一、测试运行

机器人测试运行就是在机器人到生产现场自动运转之前，单体确认其动作的过程。程序的测试对于确保作业人员与外围设备的安全非常重要。测试运转分为单步测试运转与连续测试运转。

使用示教盒来执行测试运转，示教盒必须处在有效状态；使用操作面板来执行测试运转，操作面板必须处在有效状态。示教盒是否有效由其上的有效开关来控制；而使操作面板有效，必须满足以下条件：①断开示教盒上的有效开关，②将操作面板的遥控开关设为"本地"，③外围设备 * SFSPD 信号（UI［3］）输入处在"ON"状态。此外若要启动包含动作组的程序，外围设备 ENBL（UI［8］）输入应处在"ON"状态等。

在测试运转前需在测试执行画面上设定程序的测试运转条件，如图 5-24 所示。设定项的功能说明详见表 5-24。

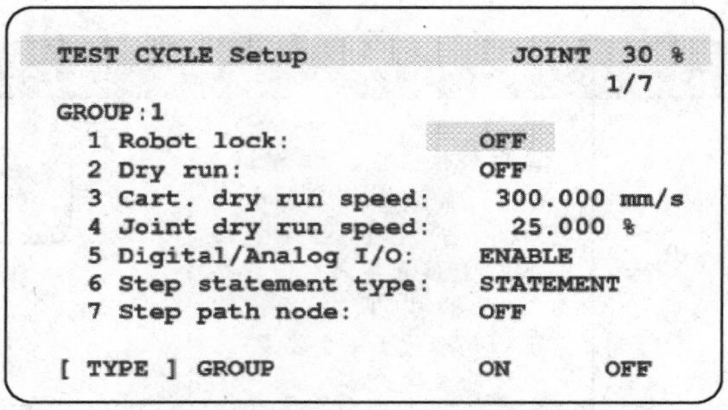

```
TEST CYCLE Setup              JOINT 30 %
                                    1/7
GROUP:1
  1 Robot lock:          OFF
  2 Dry run:             OFF
  3 Cart. dry run speed:     300.000 mm/s
  4 Joint dry run speed:      25.000 %
  5 Digital/Analog I/O:   ENABLE
  6 Step statement type:  STATEMENT
  7 Step path node:       OFF

[ TYPE ] GROUP           ON      OFF
```

图 5-24　测试运转条件设定

表 5-24　测试运转设定项的功能说明

步骤	设　定　项	功能说明
1	Robot lock（机器人锁住）	机器人锁住用于设定是否执行机器人动作：设定值为 ON 时机器人忽略所有动作指令；OFF 时机器人执行通常的动作指令
2	Dry run（空运行）	启用空运行时，机器人运行速度按空运行所设定的速度动作
3	Cart. dry run speed（基于路径控制的空运行速度）	机器人的动作基于路径控制而动作时，机器人以所指定的速度稳定地移动（单位：mm/s）
4	Joint dry run speed（基于关节控制的空运行速度）	机器人的动作基于关节控制而动作时，机器人以所指定的关节速度稳定地移动
5	Digital/Analog I/O（数字/模拟 I/O）	设定是否通过数字 I/O、模拟 I/O、组 I/O 与外围设备进行通信。
6	Step statement（单步状态）	指定在单步方式下程序的执行：①STATEMENT：针对每一行使程序执行暂停；②MOTION：针对每一动作指令使程序执行暂停；③ROUTINE：与 STATEMENT 大致相同，但在调用指令目的地不予暂停；④在动作指令以外的 KAREL 指令不予暂停
7	Step path node（单步路径节点）	将单步路径节点指定为 ON 时，在执行 KAREL 的"MOVE ALONG"指令中在每个节点都暂停

测试运转分为单步与连续两种情形。单步测试运转时，逐行执行当前行的程序语句。结束一行的执行后，程序暂停。执行逻辑指令后，当前行与光标一起移动到下一行；执行动作指令后，光标停止在执行完成后的一行。连续测试运转时，将从程序的当前行开始顺序地执行直至程序的末尾。表 5-25 给出了使用示教盒单步测试程序运转的方法。

表 5-25　使用示教盒单步测试程序运转的方法

步骤	操作方法	操作提示
1	按"SELECT"（一览）键	 **SELECT** 键
2	选择希望测试的程序，按"ENTER"键，进入程序编辑画面。	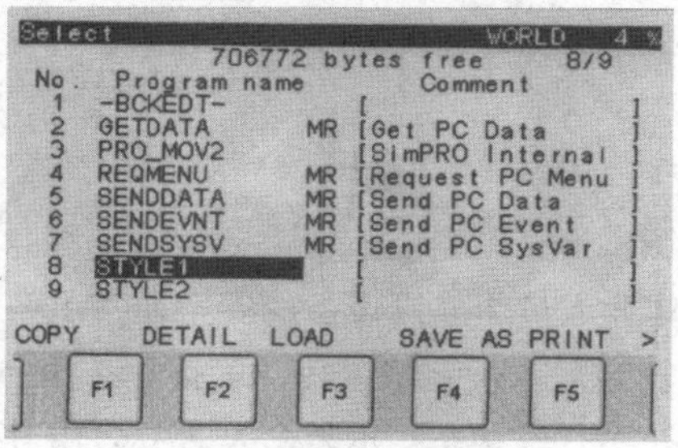 Select ... WORLD 4 ... 706772 bytes free 8/9 No. Program name　Comment 1 -BCKEDT- [ ] 2 GETDATA　MR [Get PC Data] 3 PRO_MOV2　MR [SimPRO Internal] 4 REQMENU　MR [Request PC Menu] 5 SENDDATA　MR [Send PC Data] 6 SENDEVNT　MR [Send PC Event] 7 SENDSYSV　MR [Send PC SysVar] 8 STYLE1 [ ] 9 STYLE2 [ ] COPY　DETAIL　LOAD　SAVE AS　PRINT　> F1　F2　F3　F4　F5

（续）

步骤	操作方法	操作提示
3	为了单步执行程序,按"STEP"键	STEP 键
4	将光标移至程序的开始行	STYLE1　　　　WORLD　4% 　　　　　PAUSED　1/6 　1:J @P[1] 50% FINE 　2:L　P[2] 250mm/sec CNT50 　3:L　P[3] 250mm/sec CNT50 　4:L　P[4] 250mm/sec FINE 　5:J @P[5] 50% FINE [End]
5	按下"Deadman"开关	Deadman 开关
6	将示教盒有效开关置于"ON"	OFF ON
7	启动程序。①执行程序的前进:按"SHIFT"键与"FWD"键;②执行程序的后退:按"SHIFT"键与"BWD"键	SHIFT　FWD　BWD
8	执行完一行程序后,程序进入暂停状态	STYLE1　　　LINE 3　T2 PAUSED STYLE1　　　　WORLD　4% 　　　　　PAUSED　3/6 　1:J　P[1] 50% FINE 　2:L　P[2] 250mm/sec CNT50 　3:L @P[3] 250mm/sec CNT50 　4:L　P[4] 250mm/sec FINE 　5:J　P[5] 50% FINE [End]
9	解除单步运行,按"STEP"键	STEP 键键
10	将示教盒有效开关置于"OFF",松开"Deadman"开关	OFF ON

二、自动运行

将机器人应用在自动生产线上时，应通过外围设备输入自动启动程序。通过外围设备输入来启动程序时，需将机器人置于遥控状态，遥控状态是指遥控条件成立时的状态，具体包括：①示教盒上的有效开关断开；②系统切换至遥控方式，将系统设定菜单"Remote/Local setup"（遥控/本地设定）设为"Remote"；③外围设备＊SFSPD输入信号为"ON"；④外围设备ENBL输入信号为"ON"；⑤系统变量＄RMT_MASTER为"0"。除此以外，要启动包含动作组的程序，还需要接通伺服电源等。

程序的自动运行既可以通过机器人启动请求信号（RSR1~RSR8）来选择并启动程序，也可通过程序编号选择信号（PNS1~8输入、PNSTROBE输入）来选择与启动程序。

1. 基于机器人启动请求（RSR）的自动运行

机器人启动请求输入信号（RSR1~RSR8）的地址分别对应于外部输入：UI［9］~UI［16］。通过机器人启动请求信号从外部装置启动程序是实现机器人自动运转的一种有效方法。为了使用这一功能，登录的程序名应采用RSR加4位数字的格式，并需设置启动请求输入信号、RSR登录编号、程序基本编号等。

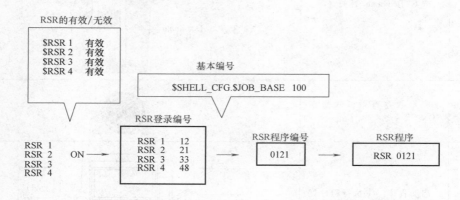

图 5-25　机器人启动请求

通过机器人启动请求信号从外部装置启动程序，首先要确保RSR信号的有效性，然后分别设置RSR登录编号与基本程序编号，程序编号为RSR登录编号与基本程序编号的和，基本程序编号则由系统变量"＄SHELL_CFG.＄JOB_BASE"设定。图5-25中给出了机器人启动请求输入信号"RSR2（UI［10］）"与程序名"RSR0121"之间的对应关系。其中RSR2的登录编号为21，基本程序编号为100，因此程序编号为121，由于登录的程序名应采用RSR加4位数字的格式，所以示教程序应命名为RSR0121。这样外部输入信号UI［10］的接通将自动启动RSR0121程序的运行。RSR程序设定操作详见表5-26。

表 5-26　RSR 程序设定

步骤	操作方法	操作提示
1	按"MENUS"键，显示画面菜单	MENUS
2	选择"6 SETUP"（6设定）	5 I/O 6 SETUP 7 FILE

（续）

步骤	操作方法	操作提示
3	按 F1 "TYPE"（画面），显示出画面切换菜单	Prog select TYPE F1
4	选择 "Prog select"（程序选择），出现程序选择画面	
5	将光标指向 "Program select mode"，按 "CHOICE"，选择 "RSR"	PNS RSR F5
6	按 F3 "DETAIL"（详细），出现 RSR 详细设定画面	Prog select JOINT 30% 1/11 RSR [RSR] 1 RSR1 program number [ENABLE] [12] 2 RSR2 program number [ENABLE] [21] 3 RSR3 program number [ENABLE] [33] 4 RSR4 program number [ENABLE] [49] 5 RSR5 program number [ENABLE] [50] 6 RSR6 program number [ENABLE] [60] 7 RSR7 program number [ENABLE] [70] 8 RSR8 program number [ENABLE] [80] 9 Job prefix [RSR] 10 Base number [100] 11 Acknowledge function [TRUE] 12 Acknowledge pulse width (msec) [200] [TYPE]
7	将光标指向目标项，输入值	
8	在改变了自动运转功能种类时，需断电并重新上电	例如：PNS→RSR

2. 基于程序编号选择（PNS）的自动运行

程序编号选择是从遥控装置选择程序的一种功能。PNS 程序编号通过八个 PNS1~8（UI[9]~UI[16]）的输入信号来指定。机器人控制装置通过 PNSTROBE 脉冲输入信号（UI[17]）将 PNS1~8 输入作为二进制数读出，程序处在暂停中或执行中时，PNSTROBE 脉冲输入信号将被忽略。PNS1~8 输入经变换为十进制数后就是 PNS 编号，在该编号上加上基本编号后的值就是程序编号。如果程序编号不足 4 位，需在左侧加 0 补全。机器人控制装置作为确认而输出 SNO1~8（UO [11~18]），将 PNS 编号以二进制代码方式输出，同时输出 SNACK（UO [19]）脉冲。遥控装置在确认 SNO1~8 的输出值与 PNS1~8 输入值相同后，发出自动运转启动信号 PROD_ START（UI [18]）。

图 5-26 中给出了机器人程序编号选择（PNS1~8）与程序名 PNS0138 之间的对应关系。其中 PNS2、PNS3、PNS6 为 ON 其余为 OFF，对应的二进制数为 00100110，转换为十进制数为 38，而基本程序编号为 100，因此 PNS 程序编号为 0138，所以对应的 PNS 程序为 PNS0138。PNS 程序设定操作详见表 5-27。

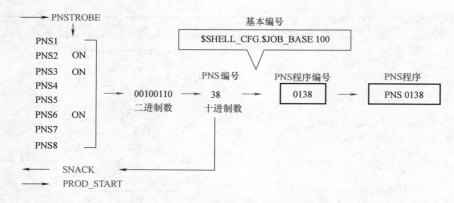

图 5-26　机器人程序编号选择

表 5-27　PNS 程序设定

步骤	操作方法	操作提示
1	按"MENUS"键,显示画面菜单	MENUS
2	选择"6 SETUP"(6 设定)	5 I/O 6 SETUP 7 FILE
3	按 F1"TYPE"(画面),显示出画面切换菜单	Prog select TYPE
4	选择"Prog select"(程序选择),出现程序选择画面	F1
5	将光标指向"Program select mode",按"CHOICE",选择"PNS"	PNS　RSR F4
6	按 F3"DETAIL"(详细)	Prog select　　　　　　　JOINT 30% 　　　　　　　　　　　　　　　1/2 　PNS 1 Job prefix　　　　　　　　　[PNS] 2 Base number　　　　　　　　[100] 3 Acknowledge pulse width (msec) [200] [TYPE]
7	将光标指向目标项,输入值	
8	在改变了自动运转功能种类时,需断电并重新上电	例如:RSR→PNS

三、程序的停止与恢复

程序执行过程中的停止分为两种情形：发生报警而引起的机器人停止与人为操纵的机器人停止。而人为操纵机器人程序的停止又可细分为：机器人程序的停止与机器人程序的中断两种情形。其中人为停止机器人程序的方法主要有①按下示教盒或操作面板上的急停按钮；②松开或者握紧 Deadman 开关；③外围设备 *IMSTP（UI［1］）输入；④按下示教盒或操作面板上的 HOLD 按钮；⑤外围设备 *HOLD（UI［2］）输入等。人为中断程序执行的方法主要有①按示教盒辅助菜单项"ABORT（ALL）"；②外围设备的CSTOPI（UI［4］）输入等。

1. 通过急停操作来停止与恢复程序

按下示教盒或操作面板上的急停按钮，执行中的程序即被中断，示教盒画面上出现急停报警的显示，同时 FAULT（报警）指示灯点亮。

急停恢复方法：首先要排除导致急停按钮的原因，接着按箭头方向旋转急停按钮，解除按钮的锁定，最后按下示教盒或操作面板上的 RESET 键，示教盒上的报警显示消失、FAULT 指示灯熄灭。

2. 通过 HOLD 键来停止与恢复程序

按下"HOLD"（保持）键，系统将执行如下处理：①减速后停止机器人的动作，中断程序的执行，示教盒上显示"PAUSED"（暂停）消息；②也可通过一般事项设定，使得机器人发出报警后断开伺服电源。一般情况下解除系统的"暂停"消息较为简单，只需再次启动程序即可。

如果希望解除暂停状态后进入强制结束状态，按 FCTN（辅助）键，显示辅助功能菜单并选择"1 ABORT（ALL）"，强制结束程序，解除暂停状态。

3. 通过报警来停止程序

报警一般在程序示教或再现时检测到某种异常，或从外围设备输入了急停或其他报警信号时发生。发生报警时，示教盒上显示报警内容，与此同时停止机器人动作程序的执行。若要解除报警，首先需要排除报警发生的原因，然后按下 RESET 复位键，即可解除报警。报警解除后机器人进入动作允许状态。表 5-28 为机器人报警分类与说明。

表 5-28　机器人报警分类与说明

序号	报警分类	报警说明
1	WARN	警告操作者比较轻微或者非紧要的问题
2	PAUSE	中断程序的执行，在完成动作后使机器人停止
3	STOP	中断程序的执行，使机器人的动作在减速后停止
4	SERVO	中断或强制结束程序的执行，在断开伺服电源后，使机器人的动作瞬时停止
5	ABORT	强制结束程序的执行，使机器人的动作减速后停止
6	SYSTEM	与系统相关，将停止机器人的所有操作。一般由系统厂家解决

第五节　特殊功能的应用

FANUC 机器人常用的特殊功能有宏指令、位移功能、码垛功能、软浮动功能等。特殊功能的应用可以进一步提高机器人示教编程与手动操作的效率，以便充分发挥机器人的潜在功能。

一、宏指令功能

宏指令是将通过几个指令记述的程序（宏程序）作为一个指令来记录并调用的功能。图 5-27 中的宏程序 HOPN1. TP 包含 3 个程序段，定义为宏指令 hand1open，可以实现机械手的开闭控制。宏指令功能应用特点包括：①在程序中可对宏指令进行示教而作为程序指令启动；②可在示教盒的手动操作画面启动宏指令；③可通过示教盒用户键来启动宏指令；④可通过操作面板的用户按钮来启动宏指令；⑤可通过数字输入信号、机器人输入信号或外部输入信号来启动宏指令等。

1. 宏指令的设定

将现有程序定义为宏指令的步骤包括：①通过宏指令来创建一个要执行的程序；②将所创建的宏程序作为宏指令予以记录；③分配用来调用宏指令的方法；④执行宏指令。宏指令的设定在宏设定画面上进行，具体步骤详见表 5-29。

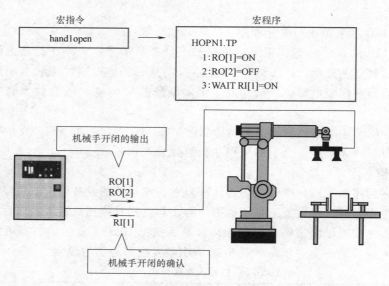

图 5-27 宏指令与宏程序

表 5-29 宏指令的设定

步骤	操作方法	操作提示
1	创建宏程序	与创建一般示教程序的方法相同

2	设定宏程序的详细信息。宏程序中如果不包含动作组语句,应设置成组屏蔽	Program detail JOINT 30%
		                                                 4/7
		  4 Group Mask: [* * * *]
		
		END PREV NEXT 1 *

（续）

步骤	操作方法	操作提示
3	按"MENU"键,显示画面菜单	**MENUS**
4	选择"6 SETUP"（6 设定）	5 I/O **6 SETUP** 7 FILE
5	按 F1"TYPE",显示出画面标准菜单	1 Prog Select 2 General 3 Coll Guard 4 Frames 5 Macro 6 Ref Position 7 Port Init. 8 Ovrd Select 9 User Alarm 0 -- NEXT --
6	选择"5 Macro"（宏）,出现宏设定画面	Macro Command　　　　　　JOINT 30% 　Instruction name　Program　Assign 1 [　　　　　　][　　　] -- [　　] 2 [　　　　　　][　　　] -- [　　] 3 [　　　　　　][　　　] -- [　　] 4 [　　　　　　][　　　] -- [　　] 5 [　　　　　　][　　　] -- [　　] [TYPE]　CLEAR
7	输入宏指令名（Instruction name）:hand1open	Macro Command　　　　　　JOINT 30% 　Instruction name　Program　Assign 1 [hand1open　][　　　　] -- [　　] [TYPE]　CLEAR　　　　　[CHOICE]
8	要输入宏程序（Program）,按 F4"CHOICE",显示程序一览后予以选择	1 PROGRAM1　　　5 SAMPLE1 2 PROGRAM2　　　6 SAMPLE2 3 HOPN1　　　　　7 4 HCLS1　　　　　8 ---next page--- Macro Command 　Instruction name　Program　Assign 1 [hand1open　][　　　　] -- [　　] [TYPE]　CLEAR
9	要分配设备,按 F4"CHOICE",显示设备一览后予以选择	JOINT 30% 1 --　　　　　　5 SP 2 UK　　　　　　6 DI 3 SU　　　　　　7 RI 4 MF　　　　　　8 ---NEXT--- Macro Command 　Instruction name　Program　Assign 1 [hand1open　][HOPN1　] -- [　　] [TYPE]　CLEAR　　　　　[CHOICE]

（续）

步骤	操作方法	操作提示
10	以手动操作（Manual FCTN）为例，选择设备：MF，输入设备编号：1。UK、SU：键控开关；DI、RI、UI：数字输入信号	``` Macro Command JOINT 30% Instruction name Program Assign 1 [hand1open][HOPN1] MF [1] [TYPE] CLEAR ```
11	要擦除宏指令，将光标指向要擦除的设定栏，按 F2 "CLEAR"	``` Macro Command Instruction name Pros 1 [hand1open] [HOPN1 2 [hand1close] [HCLS1 [TYPE] CLEAR ``` **F2**
12	显示"Clear OK?"消息 按"YES"删除宏指令；按"NO"撤销删除	``` Clear OK? YES NO ```

2. 宏指令的执行

执行宏指令的方法有多种：①示教盒上的手动操作画面（表 5-30）；②示教盒上的用户定义键；③操作面板的用户按钮；④数字输入信号；⑤程序中的宏指令调用等。宏指令执行时会受到一些制约，诸如：单步方式不起作用、始终从第一行开始执行、始终强制结束等，其余与普通示教程序的执行相同。

在执行宏指令前，确保已在宏设定画面上设定了操作设备，表 5-29 中设定了手动操作（MF［1］）。从示教盒手动操作画面执行宏指令的步骤详见表 5-30。

表 5-30　从示教盒手动操作画面执行宏指令

步骤	操作方法	操作提示
1	按"MENUS"键，显示画面菜单	**MENUS**
2	选择"3 MANUAL FCTNS"	``` MENUS 1 UTILITIES 2 TEST CYCLE 3 MANUAL FCTNS 4 ALARM 5 I/O 6 SETUP 7 FILE 9 USER 0 -- NEXT -- ```

（续）

步骤	操作方法	操作提示
3	按 F1"TYPE"，显示画面标准菜单	 `1 Macros`
4	选择"1 Macros"，出现手动操作画面	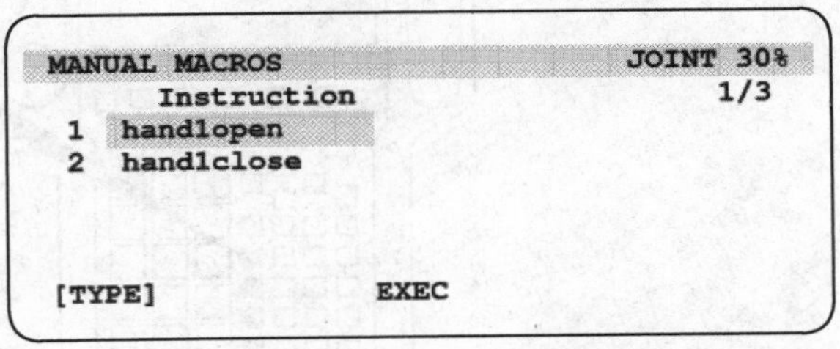 MANUAL MACROS　　　　　　JOINT 30% 　　　　Instruction　　　　1/3 　1　**hand1open** 　2　**hand1close** [TYPE]　　　　　EXEC
5	启动宏指令时，按住"SHIFT"键的同时，按 F3"EXEC"，宏程序即被启动	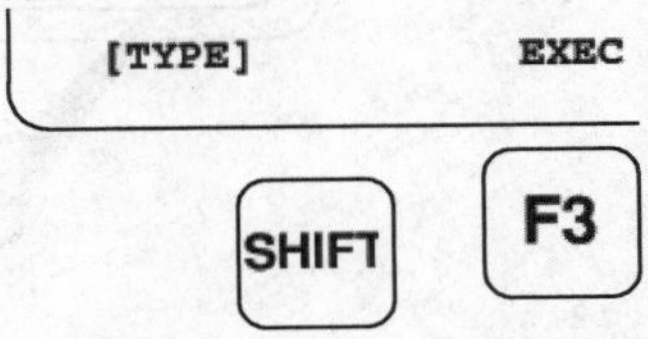 [TYPE]　　　　　EXEC SHIFT　　F3

通过示教盒键控开关执行宏指令前，需要在宏设定画面上定义用户键：UK［1］~UK［7］或 SU［1］~SU［7］，如图 5-28 所示。在 UK［1］~UK［7］中分配了设备的情况下，按用户键时，分配给用户键的宏指令即被启动。在将设备分配给 SU［1］~SU［7］的情形下，需按住"SHIFT"键的同时按下用户键。在执行具有动作组的宏指令时，不能从 UK［1］~UK［7］来启动宏指令，应将设备分配给 SU［1］~SU［7］。

```
Macro Command                    JOINT 30%
    Instruction name  Program   Assign
  1 [hand1open      ][HOPN1   ]  SU [  1 ]
  2 [hand1close     ][HCLS1   ]  SU [  2 ]
  3 [               ][        ]  -- [    ]
  4 [               ][        ]  -- [    ]

[ TYPE ] CLEAR
```

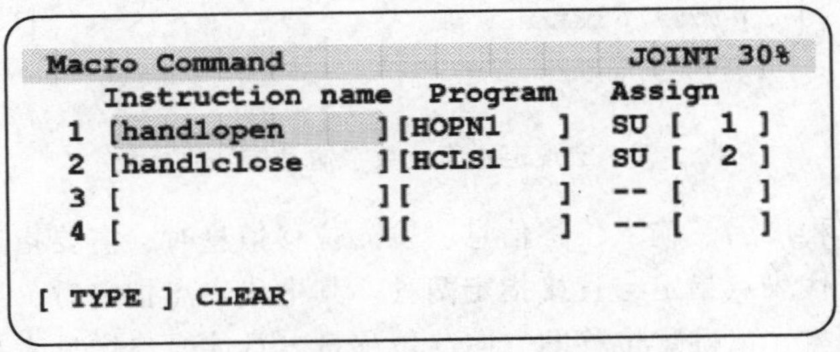

图 5-28　宏设定画面上用户键的分配

示教盒上的用户键的分布如图 5-29 所示。在将宏指令分配到示教盒上用户键时，该按键原有的功能将不能再用。

同样，通过数字输入信号（DI/RI/UI）启动宏指令前也需在宏设定画面上设定相应设备，如图 5-30 所示。输入画面上设定数字输入信号时，分配给该信号的宏指令即被启动。

二、平移功能

平移功能就是将示教位置平行移动到新的位置，可相对现有程序的全部或部分，使动作语句中的位置数据进行平移变换。

平移功能分为三类：①程序平移；②镜像平移；③角度输入平移。

1. 程序平移功能

程序平移就是使示教位置平行移动或平行旋转变换到新的位置，如图 5-31 所示。程序

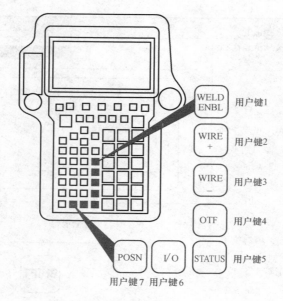

图 5-29　示教盒上的用户键分布

```
Macro Command                    JOINT   30 %
    Instruction name  Program   Assign
 1 [RETURN TO REFPOS][REFPOS  ]UI[ 7]
 2 [WORK1 CLAMP      ][CLAMP1  ]DI[ 2]
 3 [PROCESSING PREP ][PREP    ]RI[ 3]
 4 [                ][        ]--[  ]

[ TYPE ] CLEAR
```

图 5-30　宏设定画面上数字输入信号的分配

平移操作时需要设定程序名、输入位移信息。输入位移信息时，需要指定程序位移的方向与位移量。指定方法有代表点指定与直接指定两种。其中代表点指定时，用户需对位移源位置与目标点位置进行示教，以确定位移的方向与位移量，具体操作详见表 5-31。直接指定情形下，用户直接给出平移方向与平移量（X、Y、Z）；但不能进行平行旋转位移。

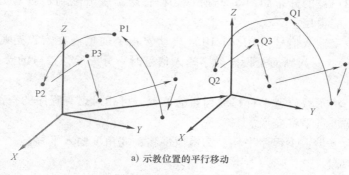

a）示教位置的平行移动

图 5-31　程序平移变换

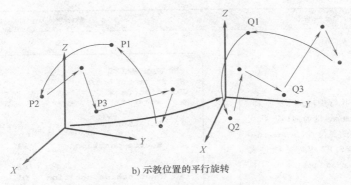

b) 示教位置的平行旋转

图 5-31 程序平移变换（续）

表 5-31 执行程序平移功能（代表点指定法）

步骤	操作方法	操作提示
1	按"MENUS"键,显示画面菜单	**MENUS**
2	选择"1 UTILITIES"（1 应用）	1 UTILITIES 2 TEST CYCLE
3	按 F1"TYPE",显示画面切换菜单	Program shift TYPE
4	选择"Program shift"（程序位移）	**F1**

5	出现程序名输入画面,进行设定	PROGRAM SHIFT JOINT 10%
		Program 1/6
		  1 Original Program: [Test1]
		  2 Range: WHOLE
		  3 Start line: (not used) ***
		  4 End line: (not used) ***
		  5 New Program: [Test1]
		  6 Insert line:(not used) ***
		
		Use shifted up, down arrows for next page
		[TYPE] >
		CLEAR >

6	完成设定后,按"SHIFT"键与↓键移动到下一个画面,出现代表示教点,源位置 P1、目标位置 Q1;"Rotation"为"OFF"	PROGRAM SHIFT JOINT 10%
		Shift amount/Teach
		 Position data P1
		X ***** Y ***** Z *****
		
		  1 Rotation OFF
		
		  2 Source position P1
		
		  3 Destination position Q1
		
		[TYPE] EXECUTE ON OFF >

（续）

步骤	操作方法	操作提示
7	若是执行旋转操作的平移，将"Rotation"设为"ON"，代表示教点的源位置（Source position）：P1、P2、P3，目标位置（Destination position）：Q1、Q2、Q3	```PROGRAM SHIFT JOINT 10%
Shift amout/Teach
Position data
X   *****   Y   *****   Z   *****

1   Rotation   ON

2   Source position   P1
                            P2
                            P3
3   Destination position   Q1
                            Q2
                            Q3

[TYPE]   EXECUTE   ON   OFF   >``` |
| 8 | 对变换源位置与目标点的位置进行示教。将光标移至待示教点，并同时按"SHIFT"与 F5 "RECORD"键，记录完成后显示"Recorded" | REFER   RECORD > SHIFT F5 ```PROGRAM SHIFT   JOINT 10%
Shift amount/Teach
Position data   Q1
X   1234.4   Y   100.0   Z   120.0

1   Rotation   ON

2   Source position   P1   Recorded
                            P2   Recorded
                            P3   Recorded
3   Destination position   Q1   Recorded
                            Q2
                            Q3

[TYPE]   EXECUTE   REFER   RECORD >``` |
| 9 | 采用参照点输入时，按 F4 "REFER"，选择 F4 "P[ ]"或 F5 "PR[ ]"，再输入自变量 | REFER   RECORD >   P[]   PR[] >   F4   F4 ```3   Destination position   Q1   Recorded
                            Q2   P[5]
                            Q3

[TYPE]   EXECUTE   P[]   PR[] >``` |

（续）

步骤	操作方法	操作提示
10	完成位移信息设定后，按 F2 " EXECUTE "，并按 F4 " YES "确定。变换后的位置写入指定的程序中	[TYPE]　EXECUTE F2 Execute transform? 　　　YES　　NO F4

2. 镜像位移功能

镜像位移就是将已经示教的位置以面对称的方式移到新位置。理论上讲镜像位移时工具坐标系应从右手坐标系变换到左手坐标系，实际上由于左手坐标系不存在，系统将使 Y 轴反转后返回至右手坐标系（图 5-32）。因此镜像位移中，对称面与工具坐标系的 XZ 平面平行时，以最自然的形式进行变换。

镜像位移分为对称位移与对称旋转位移。代表点指定时，用户对位移源与位移目标代表点进行示教，以便确定位移方向与位移量。对称位移时仅对位移源一点 P1 和位移目的地一点 Q1 点进行示教或指定；对称旋转位移时，需对位移源三点和位移目的地三点进行示教或指定。执行镜像位移与程序位移操作方法基本相同，详见程

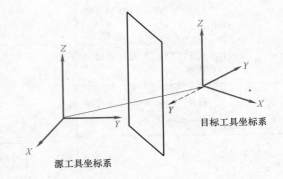

源工具坐标系

目标工具坐标系

图 5-32　基于镜像位移的工具坐标系变换

序位移画面。区别之处在于执行镜像位移时，第 4 步应选择 " Mirror Image "（镜像位移）。

3. 角度输入位移功能

角度位移是指通过三、四个代表点以及旋转角的直接输入而执行程序的位移操作。此外还可以通过指定反复次数，一次性指定相同圆周上等间隔的多次位移。例如在轮胎圆周上存在多个相同轮孔需要加工时可采用本功能，只要对一个加工孔位进行示教，就可以生成加工其他孔的位置数据。

示教时代表点的指定有两种方法：指定旋转轴与不指定旋转轴。不指定旋转轴时（图 5-33a），将相同圆周上的三点指定为代表点 P1、P2、P3，通过该三点自动计算旋转面以及旋转轴。所计算的旋转面与旋转轴的交点，即旋转中心被设置在代表点 P0 中。指定旋转轴时（图 5-33b），在代表点 P0 中指定旋转轴上的一点，在代表点 P1、P2、P3 中指定旋转面上的任意不在一条直线上的三点 P1、P2、P3，由三个代表点确定旋转面，并使垂直于旋转面的轴通过代表点 P0 的方式来确定旋转轴。旋转的正方向定义为从代表点 P1 转向代表点 P2 的方向。变换的精度取决于代表点 P1、P2、P3 彼此间的位置，相隔越远精度越高。角度输入位移的操作方法详见表 5-32。

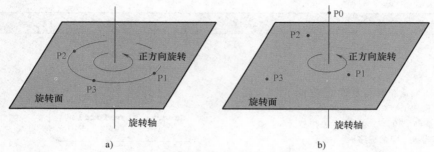

图 5-33 角度输入位移的示教

表 5-32 执行角度输入位移功能（不指定旋转轴时）

步骤	操作方法	操作提示
1	按"MENUS"键，显示画面菜单	MENUS
2	选择"1 UTILITIES"（1 应用）	**1 UTILITIES** **2 TEST CYCLE**
3	按 F1"TYPE"，显示画面切换菜单	Angle entry TYPE
4	选择"Angle entry"（角度输入）	F1
5	出现程序名输入画面，进行设定	ANGLE ENTRY SHIFT ⠀⠀⠀⠀⠀⠀ JOINT 10% Program ⠀1⠀⠀Original Program:⠀⠀⠀⠀⠀[⠀⠀⠀⠀⠀⠀] ⠀2⠀⠀Range:⠀⠀⠀⠀⠀⠀⠀⠀⠀⠀⠀⠀WHOLE ⠀3⠀⠀Start line: (not used)⠀⠀**** ⠀4⠀⠀End line:⠀⠀(not used)⠀⠀**** ⠀5⠀⠀New Program:⠀⠀⠀⠀[⠀⠀⠀⠀⠀] ⠀6⠀⠀Insert line:(not used)⠀⠀**** Use shifted up, down arrows for next page [TYPE]⠀⠀⠀⠀⠀⠀⠀⠀⠀⠀⠀⠀⠀⠀⠀⠀⠀> CLEAR⠀⠀⠀⠀⠀⠀⠀⠀⠀⠀⠀⠀⠀⠀⠀⠀>
6	完成设定后，按"SHIFT"键与↓键移动到下一个画面，出现位移量（Shift amount）设定画面	ANGLE ENTRY SHIFT⠀⠀⠀⠀⠀⠀JOINT 10% Shift amount ⠀Position data of P1 X:*****.**⠀⠀Y:*****.**⠀⠀Z:*****.** ⠀1⠀⠀Rotation plane⠀⠀⠀⠀⠀P1: ⠀2⠀⠀⠀⠀⠀⠀⠀⠀⠀⠀⠀⠀⠀⠀⠀⠀⠀P2: ⠀3⠀⠀⠀⠀⠀⠀⠀⠀⠀⠀⠀⠀⠀⠀⠀⠀⠀P3: ⠀4⠀⠀Rotation axis enable:⠀⠀⠀FALSE ⠀5⠀⠀Rotation axis⠀⠀⠀P0:Not used ⠀6⠀⠀Angle(deg):⠀⠀⠀⠀⠀⠀⠀0.00 ⠀7⠀⠀Repeating times:⠀⠀⠀⠀⠀1 [TYPE]⠀⠀EXECUTE⠀⠀⠀⠀⠀REFER⠀⠀RECORD > CLEAR⠀⠀>
7	若是旋转轴指定有效的位移，将"Rotation axis enable"（旋转轴使能）设为 TRUE；并根据需要指定"Repeating times"（反复次数）	

（续）

步骤	操作方法	操作提示
8	对代表点 P1、P2、P3 进行示教,以 P1 点示教为例,按 F5"RECORD"	REFER RECORD > SHIFT F5 1 Rotation plane P1:Recorded 2 P2: 3 P3:
9	参考点输入的情形下,按 F4"REFER",选择 F4"P[ ]"或 F5"PR[ ]"	REFER RECORD > F4 P[] PR[] > F4 1 Rotation plane P1:Recorded 2 P2:P[5] 3 P3:
10	输入旋转角	6 Angle(deg): 20.00
11	完成位移信息的设定后,按 F2"EXECUTE",执行位移变换。按 F4"YES"确认变换	[TYPE] EXECUTE F2 Execute transform? YES NO F4
12	旋转数在变换前后不同时,系统将提示用户进行选择。F1:已经更改的旋转数的轴角度;F2:更改前的旋转数的轴角度;F3:将数据作为未示教数据写出;F5:中断变换处理	Repeat3:Select P[1]:J6 (183°) 183° -177° uninit QUIT > F1 F2 F3 F5

4. 坐标系更换位移功能

对于已经示教程序中某一范围内的动作语句，若要更改工具坐标系（UT）或用户坐标系（UF），需要利用坐标系更换位移功能。考虑变换前的坐标系与变换后的坐标系的位移量，通过变换位置数据使工具 TCP 处于相同位置。表 5-33 给出了执行工具更换位移功能的方法。

表 5-33　执行工具更换位移功能

步骤	操作方法	操作提示
1	按"MENUS"键，显示画面菜单	MENUS
2	选择"1 UTILITIES"（1 应用）	1 UTILITIES 2 TEST CYCLE
3	按 F1"TYPE"，显示画面切换菜单	Tool offset TYPE
4	选择"Tool offset"（工具偏置）	F1
5	出现程序名输入画面。设定有关项	TOOL OFFSET　　　　　JOINT　10% Program　　　　　　　　　　　　1/6 　1　Original Program:　　[Test1　] 　2　Range:　　　　　　　　WHOLE 　3　Start line: (not used)　*** 　4　End line:　(not used)　*** 　5　New Program:　　　　[Test2　] 　6　Insert line:(not used)　*** Use shifted up, down arrows for next page [TYPE]　　　　　　　　　　　　　>
 CLEAR　　　　　　　　　　　　　>
6	完成设定后，按"SHIFT"键与↓键移动到下一个画面，出现坐标系编号（UTOOL number）设定画面	TOOL OFFSET　　　　　JOINT　10% UTOOL number　　　　　　　　1/6 　1　Old UTOOL number　　　　1 　2　New UTOOL number　　　　2 　3　Convert type　　　TCP fixed
7	输入更换前后的工具坐标系编号	[TYPE]　　EXECUTE　　　　　>
 CLEAR　　　　　　　　　　　　　>

（续）

步骤	操作方法	操作提示
8	按 F2 "EXECUTE"，执行变换	[TYPE] EXECUTE F2
9	旋转数在变换前后不同时，进行选择	Select P[3]:J5 angle (183°) 183°　−177°　uninit　　QUIT >
10	要删除位移信息的全部设定时，按"NEXT"键，再按下页上的 F1"CLEAR"	CLEAR F1

　　执行坐标更换位移功能与执行工具更换位移功能操作方法基本相同，见表 5-33，区别在于执行坐标更换位移功能的第 4 步应选择"Frame offset"（坐标偏置）。

三、码垛功能

　　使用码垛功能时，只要对几个具有代表性的点进行示教，即可实现从下层到上层按照顺序堆叠工件。码垛由堆叠与路径两种模式构成，其中堆叠模式确定工件的堆叠方法，路径模式确定堆叠工件时的路径，如图 5-34 所示。

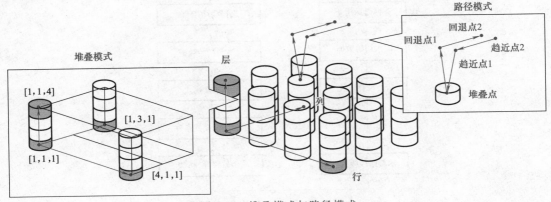

图 5-34　堆叠模式与路径模式

　　根据堆叠模式与路径模式设定方法的差异，码垛又可分为：码垛 B、码垛 BX、码垛 E、码垛 EX。采用码垛 B 模式时，所有工件的姿势一致，堆叠的底面形状为直线或平行四边形，如图 5-35 所示。码垛 E 属于比较复杂的堆叠模式，应用于希望改变工件姿势或堆叠底面形状不是平行四边形的情形，如图 5-36 所示。与码垛 B、E 只能设定一个路径模式相比，码垛 BX、EX 可以设定多路径。

　　（一）码垛的示教

　　码垛的示教在码垛编辑画面上进行，主要操作包括选择码垛指令、输入初始数据、示教堆叠模式、示教路径模式等，如图 5-37 所示。

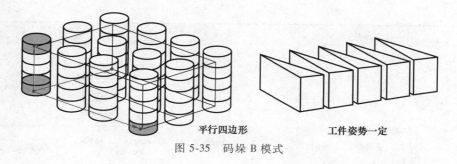

平行四边形　　　　　　　　　工件姿势一定

图 5-35　码垛 B 模式

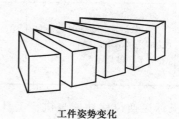

非四角形　　　　　　　　　工件姿势变化

图 5-36　码垛 E 模式

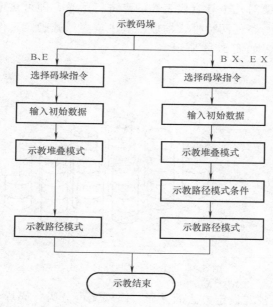

图 5-37　码垛的示教步骤

1. 选择码垛指令

选择希望进行示教的码垛种类：B、BX、E 或 EX。应在程序编辑画面选择码垛指令，详见表 5-34。

2. 输入初始数据

码垛初始数据分为三类：与堆叠方法相关的初始数据、与堆叠模式相关的初始数据以及与路径模式相关的初始数据。输入码垛初始数据的操作方法详见表 5-35。

表 5-34 码垛指令的选择

步骤	操作方法	操作提示
1	按"NEXT"（下一页）、">"，再按下一页上的 F1"INST"，显示辅助菜单	[INST] F1
2	选择"7 Palletizing"（7 码垛）	Instruction　　　　　　　JOINT　30 % 1 Registers　　　5 JMP/LBL 2 I/O　　　　　　6 CALL 3 IF/SELECT　　 7 Palletizing 4 WAIT　　　　　8 ---next page--- PROGRAM1 　　　　　　　　　　　　　　　　6/6 　5: J P[2] 300mm/sec CNT50
3	选择"4 PALLETIZING-EX"（4 码垛 EX）	PALLETIZING system 1 PALLETIZING-B　 5 PALLETIZING-END 2 PALLETIZING-BX　6 3 PALLETIZING-E　 7 4 PALLETIZING-EX　8
4	自动进入码垛示教画面，出现初始数据输入画面	PRG1　　　　　　　　　　　JOINT　30% PALLETIZING Configuration 　PALLETIZING_1　[　　　　　　　　] 　TYPE = [PALLET]　　　INCR = [1] 　PAL REG　= [1]　　　ORDER = [RCL　] 　　ROWS　　= [5　2 LINE　FIX] 　　COLUMNS = [4　2 LINE　FIX] 　　LAYERS　= [3　2 LINE　FIX 1] 　　AUXILIARY POS = [NO] 　APPR = [2] RTRT = [2] PATTERN = [2] Press ENTER PROG　　　　　　　　　　　　　DONE

表 5-35 输入码垛初始数据

步骤	操作方法	操作提示
1	码垛指令选择后，出现初始数据输入画面	PRG1　　　　　　　　　　　JOINT　30% PALLETIZING Configuration 　PALLETIZING_1　[　　　　　　　　] 　TYPE = [PALLET]　　　INCR = [1] 　PAL REG　= [1]　　　ORDER = [RCL　] 　　ROWS　　= [5　2 LINE　FIX] 　　COLUMNS = [4　2 LINE　FIX] 　　LAYERS　= [3　2 LINE　FIX 1] 　　AUXILIARY POS = [NO] 　APPR = [2] RTRT = [2] PATTERN = [2] Press ENTER PROG　　　　　　　　　　　　　DONE

（续）

步骤	操作方法	操作提示

2	选择码垛种类时，将光标指向相关项。例如：TYPE，选择功能键：F2" PALLET "（堆叠），F3"DEPALL"（拆堆）	`PROGRAM1                    JOINT 30%`
		`PALLETIZING Configuration`
		
		`    TYPE = [PALLET]      INCR = [1]`
		
		`PROG    PALLET   DEPALL           DONE`

3	输入寄存器增加数（INCR）、码垛寄存器编号（PAL REG）	`PROGRAM1                    JOINT 30%`
		`PALLETIZING Configuration`
		
		`    TYPE = [PALLET]     INCR = [1]`
		
		`PROG                           DONE` `1` `ENTER`

4	输入码垛顺序时，按希望设定的顺序选择功能键（R:行、C:列、L:层）	`PROGRAM1                    JOINT 30%`
		`PALLETIZING Configuration`
		
		`    PAL REG = [ 1 ]   ORDER = [R__]`
		
		`PROG       R      C     L      DONE`

5	指定行、列与层数时，按数值键后按 ENTER；指定排列方法时，将光标指向设定栏，选择功能键菜单（F2"FIX"：固定，F3"INTER"：分割）	`PROGRAM1                    JOINT  30 %`
		`PALLETIZING Configuration`
		`    LAYERS  = [  1   FIX  ]`
		`    AUXILIARY POS = [ NO  ]`
		
		`PROG    FIX      INTER         DONE`

6	按一定间隔指定排列方法时，将光标指向设定栏，输入数值，例如:200	`PRG2                        JOINT 30%`
		`PALLETIZING Configuration`
		
		`    LAYERS  = [  1   200   FIX  1 ]`
		`    AUXILIARY POS = [ NO  ]`
		
		`PROG     YES      NO          DONE`

（续）

步骤	操作方法	操作提示
7	指定是否存在辅助点时，将光标指向相关项，选择功能键（F2"YES"，F3"NO"）	PROG YES NO **F3**
8	输入趋近点数、回退点数	APPR = [2] RTRT = [2]
9	要中断初始数据设定时，按F1"PROG"。若中途中断初始数据设定时，此前设定的值无效	PROG **F1**

10	输入完所有数据后，按F5"DONE"	PRG1 JOINT 30%
		PALLETIZING Configuration
		
		  PALLETIZING_1 [ ]
		  TYPE = [PALLET] INCR = [1]
		  PAL REG = [1] ORDER = [RCL]
		    ROWS = [5 2 LINE FIX]
		    COLUMNS = [4 2 LINE FIX]
		    LAYERS = [3 2 LINE FIX 1]
		    AUXILIARY POS = [NO]
		  APPR = [2] RTRT = [2] PATTERN = [2]
		Press ENTER
		PROG DONE

（1）与堆叠方法相关的初始数据

与堆叠方法相关的初始数据如图5-38所示。其中码垛种类分为堆叠（PALLET）与拆堆（DEPALLET），标准为堆叠；增加（INCR）指定每隔几个堆叠或拆堆，标准值为1；码垛寄存器（PAL REG）指定与堆叠方法有关、控制码垛的寄存器编号，图中编号为1；顺序（ORDER）表示堆叠或拆堆的顺序，"RCL"表示按照"行→列→层"的顺序堆叠。

（2）与堆叠模式相关的初始数据

作为堆叠模式的初始数据，设定行列层数、排列方法、姿势控制、层模式数、是否有辅助点等，如图5-39所示。

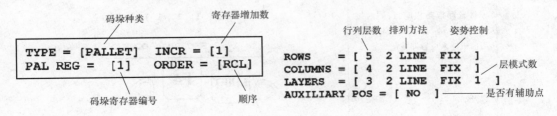

图5-38　与堆叠方法相关的初始数据   图5-39　与堆叠模式相关的初始数据

（3）与路径模式相关的初始数据

作为路径模式的初始数据，设定趋近点数、回退点数以及路径模式数，如图5-40所示。

3. 示教堆叠模式

示教堆叠模式是指在码垛堆叠模式示教画面上，对堆叠模式的代表堆叠点进行示教。执行码垛时将根据所示教的代表点自动计算目标堆叠点。

APPR = [2]　RTRT = [2]　PATTERN = [1]

趋近点数　　　回退点数　　　路径模式数

图5-40　与路径模式相关的初始数据

以码垛 B 为例，进行四边形的堆叠模式示教。通过码垛初始数据，显示应该示教的位置一览（图5-41a）以及堆叠模式（图5-41b）。基于此对代表堆叠点的位置进行示教，操作方法详见表5-36。

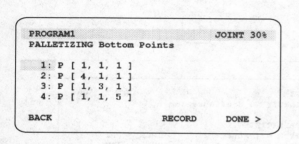

a)

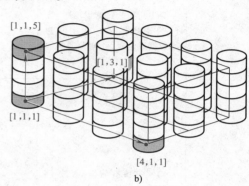

b)

图5-41　码垛示教代表点一览

表5-36　示教码垛堆叠模式

步骤	操作方法	操作提示
1	按照初始数据的设定,显示应该示教的堆叠点	PROGRAM1　　JOINT 30% PALLETIZING Bottom Points 1: *P [1, 1, 1] 2: *P [4, 1, 1] 3: *P [1, 3, 1] 4: *P [1, 1, 5] BACK　　RECORD　　DONE >
2	将机器人手动进给到希望示教的代表堆叠点	
3	将光标指向相应行,同时按住 SHIFT 键与 F4 "RECORD",当前机器人位置即被记录下来	PROGRAM1 PALLETIZING Bottom Points 1: *P[1, 1, 1] RECORD　DONE > SHIFT　F4

（续）

步骤	操作方法	操作提示
4	要显示所示教代表点的详细位置数据,将光标指向堆叠点编号,按 F5 " POSITION "（位置）	PROGRAM1 PALLETIZING Bottom Points 1:-P[1, 1, 1] POSITION> F5
5	显示出位置详细数据。也可以直接输入位置数据的数值。P 前标记"-"为已示教位置;标记" * "为未示教位置	Position Detail　　　　　　JOINT 30% PAL_1[BTM]　　　UF:0　　UT:1　　CONF: NT 0 　X　516.129　mm　　W　180.000　deg 　Y　111.347　mm　　P　　0.000　deg 　Z　1010.224　mm　　R　　0.000　deg PROGRAM1 PALLETIZING Bottom Points 1: -P [1, 1, 1]- 2: *P [4, 1, 1] 3: *P [1, 3, 1] 4: *P [1, 1, 5] CONFIG　　DONE
6	同时按住" SHIFT "键与" FWD "键时,机器人将移动到光标行的代表堆叠点,可用于示教点的确认	SHIFT　FWD
7	按照相同步骤,对所有代表堆叠点进行示教	
8	按 F5"DONE",显示下一个路径模式条件设定画面(BX、EX)或路径模式示教画面(B、E)	RECORD　　DONE > F5

4. 设定路径模式条件

对于码垛 BX、EX,在路径模式示教画面上设定了多个路径模式的情况下,需在码垛路径模式条件设定画面里事先设定相对哪个堆叠点使用哪种路径模式条件。而码垛 B、E 只可以设定一种路径模式,因此不会显示码垛路径模式条件设定画面。

工业机器人操作与编程技术（FANUC）

码垛执行时，使用堆叠点的行、列、层（RCL）与路径模式条件的行、列、层值相一致的条件编号的路径模式。其中行、列、层的值既可以采用直接指定，也可采用余数指定。直接指定时，在 1～127 的范围内指定堆叠点，"＊"表示任意的堆叠点；余数指定时，路径模式条件要素 "$m-n$"，根据余数来指定堆叠点。例如余数指定路径模式条件中列值为 "3-1"，表示用 3 除堆叠点的列值余数为 1 的点。基于此，图 5-42 中堆叠点的第 1 列使用模式 1，第 2 列使用模式

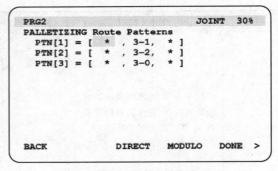

图 5-42　路径模式条件设定画面

2，第 3 列使用模式 3。设定码垛路径模式条件方法详见表 5-37。

表 5-37　码垛路径模式条件设定

步骤	操作方法	操作提示
1	根据初始数据的模式数设定值，显示路径模式条件设定画面	PRG2　JOINT 30% PALLETIZING Route Pattern PTN[1] = [＊ , ＊ , ＊] PTN[2] = [＊ , ＊ , ＊] PTN[3] = [＊ , ＊ , ＊] Enter value BACK　DIRECT　MODULO　DONE　>
2	直接指定方式下，将光标指向希望更改的点，输入数值	PRG2　JOINT 30% PALLETIZING Route Pattern PTN[1] = [＊ , 1 , ＊] BACK　DIRECT　MODULO　DONE　>
3	余数指定方式下，按 F4 "MODULO"，条目被分成 2 个，在该状态下输入数值	PRG2　JOINT 30% PALLETIZING Route Pattern PTN[1] = [＊ , 1 - 0, ＊] BACK　DIRECT　MODULO　DONE　>

（续）

步骤	操作方法	操作提示
4	若按 F1"BACK"，则返回到之前的堆叠点示教画面	BACK **F1**
5	完成后按 F5"DONE"，完成码垛路径模式条件的设定，并进入码垛路径模式示教画面	DIRECT　MODULO　DONE　> **F5**

5. 示教码垛路径模式

在码垛路径模式示教画面上，设定向堆叠点堆叠工件或从上面拆堆前后经过的几个路径点。路径点位置随着堆叠点位置的改变而改变。图 5-43 给出了相对堆叠点［2、3、4］的路径点：趋近点 1、趋近点 2、回退点 1 与回退点 2。示教码垛路径模式的方法详见表 5-38。

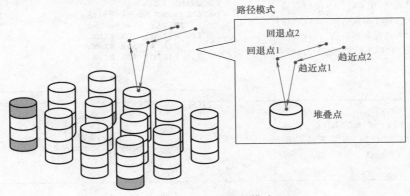

图 5-43　码垛的路径模式

表 5-38　码垛路径模式的示教

步骤	操作方法	操作提示
1	按照初始数据的设定，显示应该示教的路径一览	PROGRAM1　　　　　　　JOINT　30 % PALLETIZING Route Points　　　1/3 　　　IF PL[1]=[*, *, *] 　　1:* P[A_2] 30% FINE 　　2:* P[A_1] 30% FINE 　　3:* P[BTM] 30% FINE 　　4:* P[R_1] 30% FINE 　　5:* P[R_2] 30% FINE Teach Route Points BACK　　POINT　　　　RECORD　DONE >

工业机器人操作与编程技术（FANUC）

（续）

步骤	操作方法	操作提示
2	将机器人手动进给到希望示教的路径点	`-Z(J3)` `-Y(J2)` `-X(J1)` `+Z(J3)` `+Y(J2)` `+X(J1)` `SHIFT` + `-Z(J6)` `-Y(J5)` `-X(J4)` `+Z(J6)` `+Y(J5)` `+X(J4)`
3	将光标指向设定区，有两种方法进行位置示教。方法一：同时按 SHIFT 键与 F2"POINT"键；方法二：同时按"SHIFT"键与 F4"RECORD"键。 　只按 F2"POINT"时，显示标准动作菜单，可设定动作类型与动作速度等	BACK　POINT SHIFT　F2 RECORD　DONE > SHIFT　F4

4	要显示所示教的路径点位置详细数据，将光标指向路径点编号，按 F5"POSITION"，显示位置详细数据，也可以直接输入位置数据数值。返回时，按 F4"DONE"	```Position Detail JOINT 30 %```
		 ```P_1[A_2] GP:1 UF:0 UT:1 CONF:NT00```
		 ``` X 516.129 mm W 180.000 deg```
		 ``` Y 111.347 mm P 0.000 deg```
		 ``` Z 1010.224 mm R 0.000 deg```
		 ```PROGRAM2```
		 ```PALLETIZING Route Points 1/3```
		 ``` IF PL[1]=[*, 3-1, *]```
		 ``` 1:J P[A_2] 30% FINE```
		 ``` 2:* P[A_1] 30% FINE```
		 ``` 3:* P[BTM] 30% FINE```
		 ``` CONFIG DONE```

5	同时按下"SHIFT"键与"FWD"键时，可进行路径示教点的确认	SHIFT　FWD
6	按下 F1"BACK"，将返回到堆叠模式示教画面	BACK F1

7	按 F5"DONE"，出现下一路径模式示教画面	```PROGRAM1 JOINT 30%```
		 ``` 13/13```
		 ``` 5: L P[2] 300mm/sec CNT50```
		 ``` 6: PALLETIZING-B_1```
		 ``` 7: J PAL_1[A_2] 100% FINE```
		 ``` 8: J PAL_1[A_1] 100% FINE```
		 ``` 9: J PAL_1[BTM] 100% FINE```
		 ```10: J PAL_1[R_1] 100% FINE```
		 ```11: J PAL_1[R_2] 100% FINE```
		 ```12: PALLETIZING-END_1```
		 ```[End]```
		 ```POINT TOUCHUP >```

（续）

步骤	操作方法	操作提示
8	所有路径模式示教结束后,按F5"DONE",退出码垛编辑画面,返回程序画面,码垛指令自动写入程序	PRG1 JOINT 30% 13/13 5: L P[2] 300mm/sec CNT50 6: PALLETIZING-EX_4 7: L PAL_4[A_2] 30% FINE 8: L PAL_4[A_1] 30% FINE 9: L PAL_4[BTM] 30% FINE 10: L PAL_4[R_1] 30% FINE 11: L PAL_4[R_2] 30% FINE 12: PALLETIZING-END_4 [END] POINT TOUCHUP >
9	堆叠位置的机械手控制指令,路径点的动作类型的更改等编辑,可在程序画面上与通常程序一样进行	PALLET1 JOINT 30% 14/14 5: L P[2] 300mm/sec CNT50 6: PALLETIZING-B_1 7: L PAL_1[A_2] 1000cm/min CNT30 8: L PAL_1[A_1] 300mm/sec CNT30 9: L PAL_1[BTM] 50mm/sec FINE 10: hand open 11: L PAL_1[R_1] 300mm/sec CNT30 12: L PAL_1[R_2] 1000cm/min CNT30 13: PALLETIZING-END_1 [End] POINT TOUCHUP >

（二）码垛的修改

码垛修改是指对所示教的码垛代表点的位置数据与码垛指令的修改。码垛数据的更改见表5-39,码垛编号的更改见表5-40。

表5-39　码垛数据的更改

步骤	操作方法	操作提示
1	将光标指向希望修改的码垛指令,按F1"MODIFY",显示修改菜单	PROGRAM1 JOINT 30% 6/82 5: L P[2] 300mm/sec CNT50 6: PALLETIZING-B_1 7: L PAL_1[A_2] 1000cm/min CNT30 Select item [MODIFY] LIST >
2	"2 BOTTOM":修改堆叠点的位置。"3 ROUTE":修改路径点的位置。右图显示修改堆叠点的位置	1 CONFIG 2 BOTTOM 3 ROUTE MODIFY F1 ENTER

（续）

步骤	操作方法	操作提示
| 3 | 按 F1"BACK"返回码垛编辑画面之前的画面；按 F5"DONE"进入码垛编辑画面之后的画面 | ```
PROGRAM1                                JOINT 30%
PALLETIZING Bottom Points

    1: --P [ 1, 1, 1 ] --
    2: --P [ 4, 1, 1 ] --
    3: --P [ 1, 3, 1 ] --
    4: --P [ 1, 1, 5 ] --
[End]
BACK                      RECORD       DONE >
``` |
| 4 | 修改结束后，按 NEXT、>，按下一页上的 F1"PROG"结束 | PROG F1 |

<p align="center">表 5-40　码垛编号的更改</p>

步骤	操作方法	操作提示
1	将光标指向希望修改的码垛指令，输入希望更改的编号	PROGRAM1 6: PALLETIZING-B_1 2 ENTER
2	码垛动作指令、码垛结束指令的编号将随同码垛指令一起被自动更改	在更改码垛编号时，确认更改后的编号没有在其他码垛指令中使用

（三）码垛的执行

码垛执行的一般流程如图 5-44 所示。执行码垛指令后，首先计算即将移动的路径点；接着将工件经由路径点搬运至堆叠点；然后在堆叠点打开机械手手爪，松开工件；最后经由

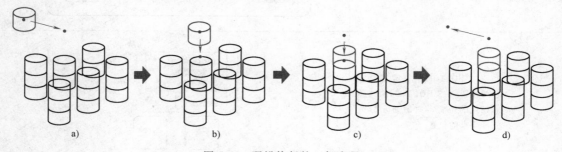

<p align="center">图 5-44　码垛执行的一般流程</p>
```

回退点返回，执行码垛结束指令，计算码垛寄存器的值。

　　码垛寄存器用于对当前的堆叠点位置进行管理，码垛指令执行时会根据码垛寄存器的值计算出实际的堆叠点与路径点。执行码垛结束指令后将更新码垛寄存器的值，码垛寄存器值的更新规则参考初始数据的设定方法。以 3 行 2 列 3 层的码垛按行、列、层顺序堆叠时，执行码垛结束指令时，将按［1、1、1］→［2,1,1］→［3,1,1］→［1,2,1］→［2,2,1］→［3,2,1］→［1、1、2］→［2、1、2］→［3、1、2］→［1、2、2］→［2、2、2］→［3、2、2］→［1、1、3］→［2、1、3］→［3、1、3］→［1,2,3］→［2,2,3］→［3、2、3］的顺序更改码垛寄存器值。

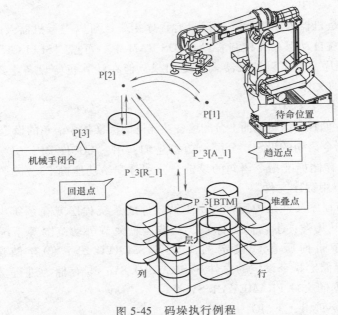

图 5-45　码垛执行例程

　　如图 5-45 所示为应用码垛功能的例子，其中 P［1］为机器人待命位置，P_3［A_1］、P_3［R_1］、P_3［BTM］分别为趋近点 1、回退点 1 与堆叠点的位置，机械手在 P［3］位置处闭合以抓取工件，机械手在堆叠点位置张开以放置工件。程序如下：

5：J P［1］100% FINE

6：J P［2］70% CNT50

7：L P［3］50mm/sec FINE

8：hand close

9：L P［2］100mm/sec CNT50

10：PALLETIZING-B_3

11：L PAL_3［A_1］100mm/sec CNT10

12：L PAL_3［BTM］50mm/sec FINE

13：hand open

14：L PAL_3［R_1］100mm/sec CNT10

15：PALLETIZING-END_3

16：J P［2］70% CNT50

17: J P[1] 100% FINE

第六节　机器人文件的输入与输出

一、机器人文件的分类

机器人文件主要分为程序文件、标准指令文件、系统文件、I/O 分配数据文件与数据文件等类型。

1. 程序文件（*.TP）

程序文件也就是机器人示教程序，记录有程序指令，可以进行机器人的动作与外围设备等控制。程序文件被自动保存在控制装置 CMOS RAM 中。可按"SELECT"键显示程序文件一览。TP 格式的程序文件可以被机器人系统加载，但在计算机等设备上不能正常显示，须转换成 ASCII 格式的文件（*.LS）。

2. 标准指令文件（*.DF）

标准指令文件存储程序编辑画面上分配给各功能键的标准指令语句的设定。DF_ MOTN0.DF 文件存储标准动作指令语句的设定，分配给功能键 F1；DF_ LOGI1.DF、DF_ LOGI2.DF、DF_ LOGI3.DF 三个文件存储标准指令语句的设定，分别分配给功能键 F2、F3、F4。

3. 系统文件/应用程序文件（*.SV）

系统文件/应用程序文件是为运行应用工具软件的系统程序或在系统中使用的数据存储文件，又可分为以下几类：①存储坐标系、基准点、关节可动范围等系统变量设定的文件 SYSVARS.SV；②存储伺服参数设定的文件 SYSSERVO.SV；③存储调校数据的文件 SYSMAST.SV；④存储宏指令设定的文件 SYSMACRO.SV；⑤存储为进行坐标系设定而使用参照点、注释等数据的文件 FRAMEVAR.SV 等。

4. 数据文件（*.VR，*.IO，*.DT）

数据文件分为一般数据文件、I/O 分配数据文件与机器人设定数据文件。一般数据文件又分为存储寄存器的数据文件（NUMREG.VR）、存储位置寄存器的数据文件（POSREG.VR）以及存储码垛寄存器的数据文件（PALREG.VR）。I/O 分配数据文件（*.IO）用于存储 I/O 分配的设定；机器人设定数据文件（*.DT）存储机器人设定画面上的内容。

5. ASCII 文件（*.LS）

ASCII 文件是采用 ASCII 格式的文件，是不能被机器人系统加载的，但可通过计算机等设备进行 ASCII 文件内容的显示与打印。

二、文件的保存与加载

1. 文件输入/输出装置

机器人控制装置可以使用不同类型的文件输入/输出装置，标准设定为存储卡（MC:）。存储卡为 Flash ATA 存储卡或 SRAM 存储卡，在小型闪存卡上附加 PCMCIA 适配器后使用。存储卡 PCMCIA 插槽在主板上，如图 5-46 所示。

文件输入/输出装置也可采用 USB 存储器（UD1:）。机器

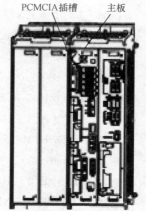

PCMCIA 插槽　　主板

图 5-46　存储卡插入的位置

人控制装置的操作面板上备有 USB 端口（图 5-47），可通过 USB 存储器进行文件的保存与加载。

图 5-47　操作面板上的 USB 端口

表 5-41 给出了切换文件输入/输出设备的方法。

表 5-41　切换文件输入/输出设备

步骤	操作方法	操作提示
1	按"MENUS"键，显示画面菜单	```MENUS```
2	选择"7 FILE"	6 SETUP 7 FILE 8
3	出现文件画面后按 F5 "UTIL"，选择"Set Device"	```FILE JOINT 10%
MC: *.*   1/17
1 *   *   (all   files)
2 *   KL   (all KAREL source)
3 *   CF   (all command files)
4 *   TX   (all text files)
5 *   LS   (all KAREL listings)
6 *   DT   (all KAREL data files)
7 *   PC   (all KAREL p-code)
8 *   TP   (all TP programs)
9 *   MN   (all MN programs)
10 *   VR   (all variable files)
Press DIR to generate directory
[TYPE] [DIR] LOAD [BACKUP] [UTIL] >```
4	选择要使用的文件输入/输出装置。其中 4 为存储卡，7 为 USB 存储器	1 FROM Disk(FR:) 2 Backup(FRA:) 3 MF Disk(MF:) 4 Mem Card(MC:) 5 Mem Device(MD:) 6 Console(CONS:) 7 USB Disk(UD1:)

2. 文件保存

可以通过程序一览画面（表 5-42）、文件画面（表 5-43）或辅助菜单"2 SAVE"（表 5-44）将程序或数据保存到外部存储装置中。

表 5-42　从程序一览画面保存数据

步骤	操作方法	操作提示
1	按"MENUS"键,显示画面菜单	MENUS
2	按"0-NEXT",选择下一页"1 SELECT";或直接按"SE-LECT"键	1 SELECT 2 EDIT
3	出现程序一览画面	Select JOINT 30% 56080 bytes free 5/5 1 PROG1 PR [PROGRAM001] 2 PROG2 PR [PROGRAM002] 3 SAMPLE1 JB [SAMPLE PROGRAM1] 4 SAMPLE2 JB [SAMPLE PROGRAM2] 5 SAMPLE3 JB [SAMPLE PROGRAM3] [TYPE] CREATE DELETE MONITOR [ATTR] > COPY DETAIL LOAD SAVE PRINT >
4	按">",再按下一页上的 F4"SAVE"	LOAD SAVE PRINT > F4
5	显示程序保存画面。输入将要保存的程序名:SAMPLE3,按"ENTER"键。所指定的程序即被保存起来	JOINT 30% 1 Words 2 Upper Case 3 Lower Case ---Insert--- 4 Options Select ---Save Teach Pendant Program--- Program Name [SAMPLE3] Enter program name PRG MAIN SUB TEST
6	如果已经存在同名的程序文件时,不能执行文件保存操作	希望保存新的文件时,应先删除外部装置中的文件,然后再执行文件保存操作

表 5-43　从文件画面保存数据

步骤	操作方法	操作提示
1	按"MENUS"键,显示画面菜单	MENUS

（续）

步骤	操作方法	操作提示
2	选择"7 FILE"	``` 6 SETUP 7 FILE 8 ```
3	出现文件画面	``` FILE JOINT 30 % MC : *.* 1 * * (all files) 2 * KL (all KAREL source) 3 * CF (all command files) 4 * TX (all text files) 5 * LS (all KAREL listings) 6 * DT (all KAREL data files) Press DIR to generate directory [TYPE] [DIR] LOAD [BACKUP][UTIL]> ```
4	以程序文件保存为例： 按 F4 " BACKUP "，选择 "TPE programs"	``` 1 System files 2 TPE programs 3 Application LOAD BACKUP [UTIL] > ``` F4
5	出现是否要保存文件的提问画面。 F2:退出；F3:保存所有程序文件与标准指令文件；F4:保存指定的文件；F5:不保存文件	``` FILE JOINT 30% 1/13 7 * PC (all KAREL p-code) 8 * TP (all TP programs) 9 * MN (all MN programs) 10 * VR (all variable files) Save MC:\SAMPLE1.TP ? EXIT ALL YES NO ```
6	· 如果存在相同名称的文件，显示提示。 F3 " OVERWRITE "：覆盖所指定的文件；F4 " SKIP "：不保存指定文件；F5 " CANCEL "：结束文件保存操作	``` MC:\SAMPLE1.TP already exists OVERWRITE SKIP CANCEL ```

表 5-44 通过辅助菜单保存数据

步骤	操作方法	操作提示
1	显示程序编辑画面或程序一览画面	Select JOINT 30 % 49828 bytes free 1/5 No. Program name Comment 1 PROG001 PR [PROGRAM001] 2 PROG002 PR [PROGRAM002] 3 SAMPLE1 JB [SAMPLE PROGRAM 1] 4 SAMPLE2 JB [SAMPLE PROGRAM 2] 5 SAMPLE3 JB [SAMPLE PROGRAM 3] [TYPE] CREATE DELETE MONITOR [ATTR]>
2	按"FCTN"键,显示辅助菜单	FCTN
3	按"0 NEXT",选择"2 SAVE"。所选的程序文件即被保存起来	9 1 QUICK/FULL MENUS 0 -- NEXT -- → 2 SAVE 3 PRINT SCREEN
4	如果已存在同名文件,不能执行文件保存操作	希望保存新的文件时,应先删除外部装置中的文件,然后再执行文件保存操作

3. 文件加载

加载文件就是将文件从外部输入/输出装置加载到机器人控制装置中的操作,可以从程序一览画面（表 5-45）或文件画面（表 5-46）加载所指定的文件。

表 5-45 从程序一览画面加载文件

步骤	操作方法	操作提示
1	按"MENUS"键,显示画面菜单	MENUS
2	按"0-NEXT",选择下一页"1 SELECT";或直接按"SE-LECT"键	1 SELECT 2 EDIT
3	出现程序一览画面	Select JOINT 30 % 49828 bytes free 3/5 No. Program name Comment 1 SAMPLE1 JB [SAMPLE PROGRAM 1] 2 SAMPLE2 JB [SAMPLE PROGRAM 2] 3 SAMPLE3 JB [SAMPLE PROGRAM 3] 4 PROG001 PR [PROGRAM001] 5 PROG002 PR [PROGRAM002] [TYPE] CREATE DELETE MONITOR [ATTR]>

（续）

步骤	操作方法	操作提示
4	按">"，再按下一页上的 F3"LOAD"	LOAD　SAVE　PRINT ＞ **F3**
5	显示程序加载画面	1　Words 2　Upper Case 3　Lower Case 4　Options　　　　　---Insert--- Select 　---Load Teach Pendant Program--- Program Name　[　　　　　　] Enter program name PRG　　MAIN　　SUB　　TEST
6	输入希望加载的程序名：PROG001，按"ENTER"键	Program Name PROG001 Enter program name PRG　　MAIN　　ENTER
7	所指定的程序即被加载	如果存在同名文件，则加载新文件后覆盖原文件

表 5-46　从文件画面加载文件

步骤	操作方法	操作提示
1	按"MENUS"键，显示画面菜单	MENUS
2	选择"7 FILE"	6 SETUP 7 FILE 8
3	出现文件画面	FILE　　　　　　　　　　JOINT 30% MC:*.*　　　　　　　　　　1/13 　1 *　　　　*　(all files) 　2 *　　　KL　(all KAREL source) 　3 *　　　CF　(all command files) 　4 *　　　TX　(all text files) 　5 *　　　LS　(all KAREL listings) 　6 *　　　DT　(all KAREL data files) 　7 *　　　PC　(all KAREL p-code) 　8 *　　　TP　(all TP programs) 　9 *　　　MN　(all MN programs) 　10 *　　　VR　(all variable files) Press DIR to generate directory [TYPE] [DIR]　LOAD　[BACKUP][UTIL]＞ DELETE　　COPY　DISPLAY　　　　　　＞

（续）

步骤	操作方法	操作提示
4	以加载程序文件为例,按F2"DIR"	[TYPE] [DIR] LOAD F2
5	选择" * . TP"	1 *.MN 5 * 2 *.TP 6 * 3 *.VR 7 * 4 *.SV 8 —

6	显示文件输入/输出装置中保存的程序文件	FILE JOINT 30 %
		              1/17
		  1 PROGRAM1 TP 768
		  2 PROGRAM2 TP 384
		  3 TEST1 TP 6016
		  4 TEST2 TP 704
		  5 * * (all files)
		  6 * KL (all KAREL source)
		[TYPE] [DIR] LOAD [BACKUP][UTIL]>

7	将光标指向准备加载的程序文件"PROGRAM1.TP",按F3"LOAD"	[TYPE] [DIR] LOAD F3
8	存储器中存在同名程序时,出现操作提示。" OVER-WRITE":加载新文件覆盖原文件;"SKIP":跳过	PROGRAM1.TP already exists OVERWRITE SKIP CANCEL

第七节　FANUC 机器人在自动生产线上的应用编程

FANUC 工业机器人可用于自动生产线上的数控机床上下料。为了提高运行效率,在机器人的法兰端安装了两套气动手爪,一套（A 爪）抓取待加工件,另一套（B 爪）抓取已加工件,进而实现工件取放的交替进行。考虑到工件的重量、输送线工件托盘的位置以及机床夹具布局等因素,选取的机器人型号为 M-20iA,最大负重 20kg,运行时可以到达的最大半径为 1811mm,重复定位精度为 ±0.08mm,并配置了功能强大的机器人控制系统 FANUC 30iA,如图 5-48 所示。自动生产线运行的调度由西门子 S7 300 PLC 控制,以协调输送线、机床与机器人的联动动作。考虑到机器人需在远程模式下由外围设备（西门子 S7 300 PLC）

启动，机器人主程序名称需按 RSR 或 PNS 格式命名，本例程程序名为 RSR0001，由 UI［9］信号控制程序启动。编程时除了位置示教编程外，需要调用状态检测子程序：STATUE_ CHECK，手爪松开与夹紧子程序：A_ OPEN、A_ CLOSE、B_ OPEN、B_ CLOSE 等。

一、机器人控制任务

自动生产线中的机器人、数控机床与输送线的布局如图 5-49 所示。

图 5-48 配置气动手爪的 FANUC 机器人

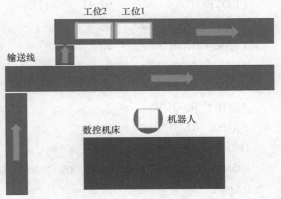

图 5-49 数控机床、机器人与输送线的布局图

根据系统总体设计思路，机器人执行上下料作业时需判断工位 1、2 有无工件并根据机床有无任务请求而执行不同的分支程序，具体分为三种情形：首件生产、正常生产与末件生产，分别对应于标签 LBL［1］、LBL［2］、LBL［3］入口处程序。以首件取放料为例：此时工位 1 有工件，同时机床有装卸任务请求，机器人将用 A 手爪抓取工位 1 托盘上的工件，然后进入机床先用空手爪 B 抓取加工完成的工件，理论上对于首件可以无需执行机床取件操作，增加该步主要基于安全考虑；接着将 A 手爪抓取的工件放置到机床夹具内，最后回到待机位置。由于首件加工时开始机床夹具内并没有工件，因此机器人程序执行完成后工位 1 是没有工件的，在正常生产时，将从工位 2 取件；而末件生产时，工位 1 与工位 2 上均没有工件，机器人仅需取出机床加工完的工件并放置在工位 1 的托盘上即可，如图 5-50 所示。

二、机器人示教程序

机器人示教程序分为三部分，包括程序头部、程序主体以及示教点的位置坐标。

1. 程序头部

FANUC 机器人程序头部包含程序名称、程序所有者、程序大小、创建时间与修改时间等，包含了示教程序的基本信息。

/PROG   RSR0001

/ATTR

OWNER   = MNEDITOR；

COMMENT   = " "；

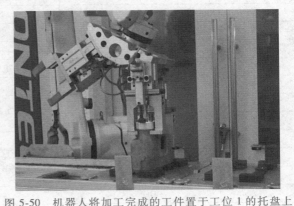

图 5-50 机器人将加工完成的工件置于工位 1 的托盘上

PROG_SIZE   = 3583；

CREATE   = DATE 16-08-23   TIME 15：34：56；

MODIFIED   = DATE 16-10-08   TIME 11:01:44;

FILE_NAME   = RSR00001;

VERSION   = 0;

LINE_COUNT   = 114;

MEMORY_SIZE   = 4019;

PROTECT   = READ_WRITE;

TCD：STACK_SIZE = 0,

TASK_PRIORITY   = 50,

TIME_SLICE   = 0,

BUSY_LAMP_OFF   = 0,

ABORT_REQUEST   = 0,

PAUSE_REQUEST   = 0;

DEFAULT_GROUP   = 1,＊,＊,＊,＊;

CONTROL_CODE   = 00000000 00000000;

/APPL

/MN

2. 程序主体

程序中用到的输入/输出信号定义如表 5-47 所示。

表 5-47　输入/输出信号一览表

序号	输入/输出信号	功能说明	信号分类
1	RI[1]	手爪 B 夹紧	手爪状态信号
2	RI[2]	手爪 B 开启	手爪状态信号
3	RI[3]	手爪 A 夹紧	手爪状态信号
4	RI[4]	手爪 A 开启	手爪状态信号
5	RI[5]	手爪 B 检查正常	手爪状态信号
6	RI[6]	手爪 A 检查正常	手爪状态信号
7	RO[1]	夹紧 B 手爪	手爪动作信号
8	RO[2]	夹紧 A 手爪	手爪动作信号
9	DI[1]	机床门开	通用数字输入
10	DI[2]	机床请求信号	通用数字输入
11	DI[3]	工位 1 满	通用数字输入
12	DI[4]	工位 1 空	通用数字输入
13	DI[5]	工位 2 满	通用数字输入
14	DI[6]	工位 2 空	通用数字输入
15	DO[3]	机器人原位	通用数字输出
16	DO[5]	机床卸载	通用数字输出
17	DO[6]	机床装载	通用数字输出
18	DO[7]	循环正常	通用数字输出

完整的程序如下：

1：J PR[1] 100% FINE   ;

2：CALL STATUE_CHECK 　　　;

3：IF ((DI[6] AND DI[4] AND DI[2])= ON),JMP LBL[3] ;

4：IF ((DI[4] AND DI[5] AND DI[2])= ON),JMP LBL[2] ;

5：IF ((DI[3] AND DI[2])= ON),JMP LBL[1] ;

6：JMP LBL[4] ;

7：LBL[1] ;

8：WAIT DI[3]= ON 　　　;

9：J P[1] 100% CNT50 　　;

10：CALL A_OPEN 　　;

11：L P[2] 250mm/sec FINE 　　;

12：CALL A_CLOSE 　　;

13：WAIT RI[6]= ON 　　;

14：L P[3] 1000mm/sec CNT50 　　;

15：J PR[1] 100% CNT100 　　;

16：J P[4] 100% CNT100 　　;

17：J P[5] 100% CNT40 　　;

18：CALL B_OPEN 　　;

19：L P[6] 1000mm/sec FINE 　　;

20：RO[1]= OFF ;

21：L P[7] 500mm/sec CNT100 　　;

22：L P[8] 1000mm/sec FINE 　　;

23：J P[9] 80% FINE 　　;

24：L P[10] 1000mm/sec CNT80 　　;

25：L P[11] 150mm/sec FINE 　　;

26：CALL A_OPEN 　　;

27：L P[12] 1000mm/sec FINE 　　;

28：J P[13] 100% CNT50 　　;

29：J PR[1] 100% FINE 　　;

30：DO[5]= PULSE,1.0sec ;

31：DO[6]= PULSE,1.0sec ;

32：IF ((RI[3] OR RI[6])= ON),CALL UALM_7 ;

33：RO[1]= OFF ;

34：RO[2]= OFF ;

35：JMP LBL[4] ;

36：LBL[2] ;

37：WAIT DI[4]= ON AND DI[5]= ON 　　;

38：J P[14] 100% CNT50 　　;

39：CALL A_OPEN 　　;

40：L P[15] 250mm/sec FINE 　　;

41： CALL A_CLOSE   ;

42： WAIT RI[6]=ON   ;

43： L P[16] 1000mm/sec CNT100   ;

44： J PR[1] 100% CNT100   ;

45： J P[4] 100% CNT100   ;

46： J P[5] 100% CNT30   ;

47： CALL B_OPEN   ;

48： L P[6] 1000mm/sec FINE   ;

49： CALL B_CLOSE   ;

50： WAIT RI[5]=ON   ;

51： RO[3]=ON   ;

52： WAIT 4.00(sec) ;

53： L P[7] 250mm/sec CNT100   ;

54： L P[8] 1000mm/sec FINE   ;

55： L P[24] 100mm/sec FINE   ;

56： L P[8] 100mm/sec FINE   ;

57： J P[9] 80% FINE   ;

58： L P[17] 1000mm/sec CNT80   ;

59： L P[23] 500mm/sec FINE   ;

60： L P[18] 250mm/sec FINE   ;

61： RO[3]=OFF   ;

62： CALL A_OPEN   ;

63： RO[3]=ON   ;

64： L P[12] 1000mm/sec FINE   ;

65： L P[21] 1000mm/sec FINE   ;

66： L P[22] 1000mm/sec FINE   ;

67： RO[3]=OFF   ;

68： RO[3]=PULSE,4.0sec ;

69： WAIT 3.00(sec) ;

70： J PR[1] 100% FINE   ;

71： DO[5]=PULSE,1.0sec ;

72： DO[6]=PULSE,1.0sec ;

73： WAIT DI[4]=ON   ;

74： J P[19] 100% CNT50   ;

75： L P[20] 150mm/sec FINE   ;

76： CALL B_OPEN   ;

77： L P[19] 1000mm/sec CNT50   ;

78： DO[7]=PULSE,1.0sec ;

79： J PR[1] 100% FINE   ;

```
80：  RO[1]=OFF ;
81：  RO[2]=OFF ;
82：  JMP LBL[4] ;
83：  LBL[3] ;
84：  WAIT DI[4]=ON      ;
85：  J P[4] 100% CNT100      ;
86：  J P[5] 100% CNT30      ;
87：  CALL B_OPEN      ;
88：  L P[6] 1000mm/sec FINE      ;
89：  CALL B_CLOSE      ;
90：  WAIT RI[5]=ON      ;
91：  RO[3]=PULSE,1.0sec ;
92：  WAIT    .50(sec) ;
93：  RO[3]=PULSE,1.0sec ;
94：  WAIT    .50(sec) ;
95：  L P[7] 250mm/sec CNT100      ;
96：  L P[8] 1000mm/sec FINE      ;
97：  L P[100] 1000mm/sec FINE      ;
98：  J P[101] 100% FINE      ;
99：  J P[102] 100% FINE      ;
100：   RO[3]=PULSE,1.0sec ;
101：   WAIT    .50(sec) ;
102：   RO[3]=PULSE,1.0sec ;
103：   WAIT    .50(sec) ;
104：   J PR[1] 100% FINE ;
105：   DO[5]=PULSE,1.0sec ;
106：   WAIT DI[4]=ON      ;
107：   J P[19] 100% CNT50      ;
108：   L P[20] 150mm/sec FINE      ;
109：   CALL B_OPEN      ;
110：   L P[19] 500mm/sec CNT50      ;
111：   DO[7]=PULSE,1.0sec ;
112：   RO[3]=PULSE,1.0sec ;
113：   WAIT=    .50(sec)    ;
114：   RO[3]=PULSE,1.0sec ;
115：   WAIT=    .50(sec)    ;
116：   J PR[1] 100% FINE      ;
117：   DO[5]=PULSE,1.0sec    ;
118：   WAIT DI[4]=ON    ;
```

119： J P［19］100% CNT50　　　；

120： L P［20］150mm/sec FINE　　　；

121： CALL B_OPEN　　；

122： L P［19］500mm/sec CNT50　　　；

123： DO［7］=PULSE,1.0sec　　；

124： J PR［1］100% FINE　　；

125： RO［1］=OFF ；

126： RO［2］=OFF ；

127： UALM［10］；

128： LBL［4］；

3. 示教点坐标

示教程序的第三部分为示教点的位置坐标值，下面给出了部分示教点的坐标值。其中"GP1"表示动作组"1"，"UF"、"UT"分别表示用户坐标系与工具坐标系编号，对于笛卡儿坐标值需给出机器人的形态（CONFIG）配置情况，关节坐标值则无需此项。

/POS

P［1］{

GP1:

UF : 0, UT : 1,CONFIG :'N U T, 0, 0, 0',

X =　　34.775　mm,Y =　1198.400　mm,Z =　475.780　mm,

W =　−150.013 deg,P =　　−.326 deg,R =　−91.657 deg

};

P［2］{

GP1:

UF : 0, UT : 1,CONFIG : 'N U T, 0, 0, 0',

X =　　34.775　mm,Y =　1198.400　mm,Z =　399.941　mm,

W =　−150.013 deg,P =　　−.326 deg,R =　−91.657 deg

};

P［3］{

GP1:

UF : 0, UT : 1,CONFIG : 'N U T, 0, 0, 0',

X =　　34.775　mm,Y =　1198.399　mm,Z =　520.060　mm,

W =　−150.013 deg,P =　　−.326 deg,R =　−91.657 deg

};

P［4］{

GP1:

UF : 0, UT : 1,

J1 =　180.000 deg,J2 =　−45.000 deg,J3 =　　0.000 deg,

J4 =　　　.000 deg,J5 =　−90.000 deg,J6 =　　90.000 deg

};

…（其他示教点）

/END

习　题

1. 简述示教程序的一般构成。

2. 简述示教程序的登录方法。

3. 机器人动作类指令与控制类指令分类与特点。

4. 简要说明机器人位置数据的定义要素。

5. 举例说明动作类指令的示教方法。

6. 举例说明控制类指令的示教方法。

7. 举例说明动作类指令的修改方法。

8. 举例说明控制类指令的修改方法。

9. 试说明如何进行机器人示教程序的测试运行。

10. 机器人程序的自动运转方法有哪些？是如何实现的？

11. 宏指令应用功能有哪些特点？

12. 何谓平移功能？分有哪几种？各有什么特点？

13. 何谓码垛功能？根据堆叠模式与路径模式的不同说明分类情况。

14. 机器人文件有哪些类型？文件的保存与加载是如何操作的？

15. 请给出基于码垛 B 模式实现 2 行 2 列 2 层工件的堆叠与拆堆的设置与编程。

第六章 机器人虚拟示教编程

　　工业机器人的示教编程分为在线示教编程与离线示教编程两种方法。前一章介绍了FANUC 机器人在线示教编程方法，本章介绍基于虚拟仿真技术的机器人离线示教编程方法。

　　ROBOGUIDE 仿真软件是 FANUC 机器人公司提供的一套离线编程工具，可以模拟离线的三维世界，在三维环境中根据实际机器人与周边设备的布局进行建模。具体操作时，可通过操作虚拟示教盒，控制机器人的运动，实施示教编程，具有验证系统设计方案可行性并获取程序准确运行时间等功能。

　　ROBOGUIDE 软件除了核心应用软件外还包括搬运、弧焊、喷涂等功能模块，其仿真环境为传统的 Windows 界面，由菜单栏、工具栏、状态栏等组成，如图 6-1 所示。

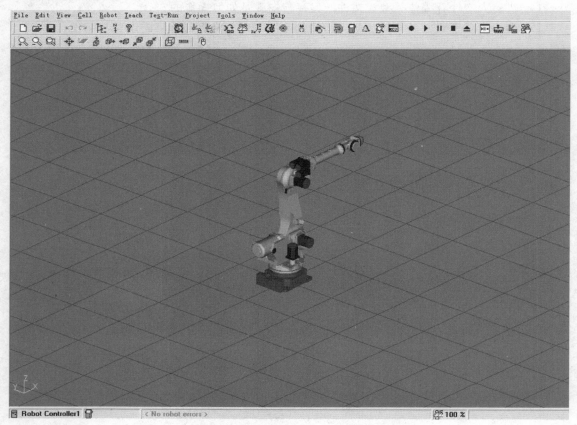

图 6-1　ROBOGUIDE 仿真软件的操作界面

第一节 虚拟仿真模型的建立

一、建立机器人工作单元

1. 创建仿真单元

打开文件菜单"File"，单击"New Cell"子菜单，如图6-2所示。

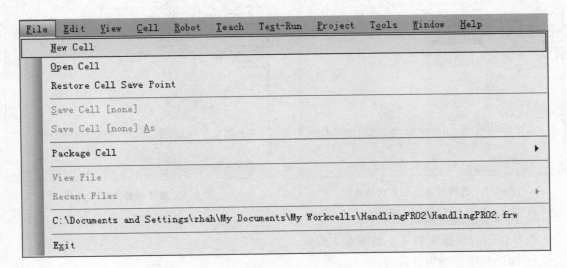

图6-2 创建仿真单元

2. 输入工作单元文件名

输入工作单元的文件名：HandlingPRO1，如图6-3所示。

3. 选择机器人的创建方式

方式一：根据抓取配置的默认值创建；方式二：根据最新使用的配置创建；方式三：根据备份机器人文件创建；方式四：根据已有机器人的备份创建，如图6-4所示。

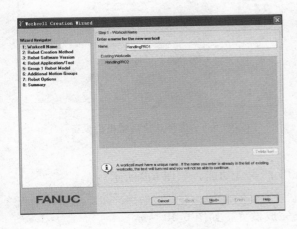

图6-3 输入工作单元文件名

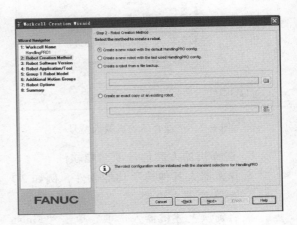

图6-4 选择机器人创建方式

工业机器人操作与编程技术（FANUC）

4. 选择机器人的软件版本

图 6-5 中机器人最新版本为 V7.7。

5. 选择机器人应用类型

对于 R-30iA 控制器可选择前三种与最后一种类型；对于 R-30iA mate 控制器则应选择 LR 相关的应用类型，如图 6-6 所示。

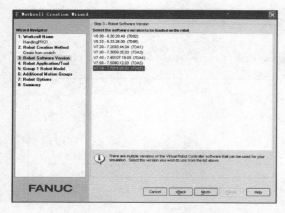
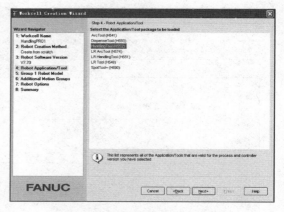

图 6-5　选择机器人的软件版本　　　　　　图 6-6　选择机器人应用类型

6. 选择合适的机器人型号

选择合适的机器人型号，如图 6-7 所示。

7. 选择其他运动组的设备

选择其他运动组（Group2～Group7）的设备，例如伺服转台，如果没有配置其他运动组，该项可以不用选择，如图 6-8 所示。

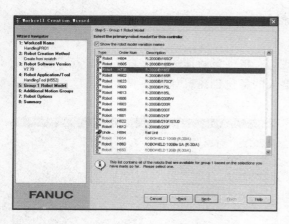
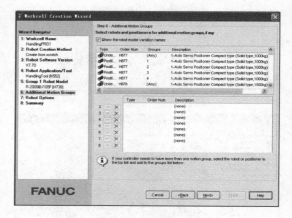

图 6-7　选择合适的机器人型号　　　　　　图 6-8　选择其他运动组的设备

8. 选择机器人其他选项功能软件

选择机器人其他选项功能软件，例如 2D、3D 的视觉功能，如图 6-9 所示。

9. 确认机器人设置

最后确认上述机器人选项，单击"Finish"完成设置，如图 6-10 所示。

创建完成的机器人工作单元，如图 6-11 所示。

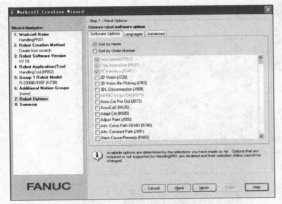

图 6-9 选择其他选项功能软件

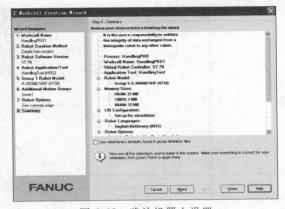

图 6-10 确认机器人设置

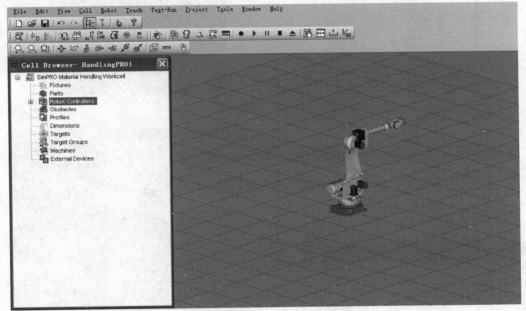

图 6-11 创建完成的机器人工作单元

二、编辑机器人

在单元浏览器（Cell Browser）中打开机器人控制器（Robot Controller1），选中"GP:1-R-2000iB/165F"机器人，鼠标右键单击后打开其属性，如图 6-12 所示。

机器人本体属性界面如图 6-13 所示。勾选 Visible 前复选框可显示机器人，进一步勾选 "Teach Tool Visible" 可显示工具中心点（TCP）的位置，"Radius" 右侧滚动条可调节 "TCP" 显示尺寸的大小，如图 6-14 所示。线框透明度通过勾选 "Wire Frame" 设置。此外，在 "Location" 编辑框内输入不同数值，可改变机器人本体的安装位置；"Show Work Envelope" 用于显示机器人的工作范围；"Show robot collisions" 决定是否进行机器人碰撞检测，"Lock All location Values" 则用于锁定机器人的安装位置，防止机器人本体位置的随意变动等。

三、添加工件、手爪与环境物

1. 添加工件

在单元浏览器里找到 "Parts"，右键单击，按 "Add Parts"，从中选择 "Box"，如

图 6-12　选中机器人属性项

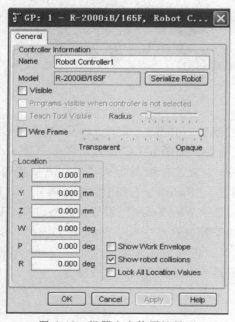

图 6-13　机器人本体属性界面

a)

b)

图 6-14　机器人本体属性设置

图 6-15 所示。出现工件 Part1 的属性界面，设定好质量（Mass）与尺寸（Size）后，单击 OK 完成工件的添加，如图 6-16 所示。

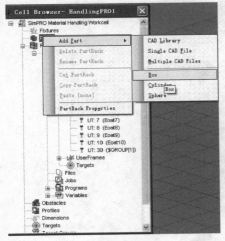

图 6-15　从单元浏览器里添加长方体

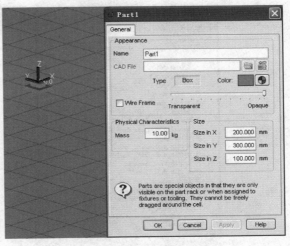

图 6-16　工件 Part1 的属性页

2. 添加机器人手爪

在单元浏览器中找到 "Tooling"，右键单击 "UT：1"，选择 "Eoat1 Properties" 项，如图 6-17 所示。

出现 "UT：1（Eoat1），GP：1" 属性页面（图 6-18）后，选择 "General" 选项，然后单击 ，从数据库中添加手爪：pp_Default_Bag_Gripper_Open，如图 6-19 所示。

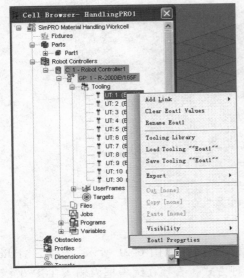

图 6-17　选择工具 "UT：1" 属性

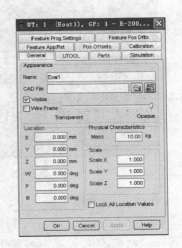

图 6-18　工具（Eoat1）属性画面

（1）"General" 选项参数设置

手爪添加后，还需在 "工具属性画面" 进一步调整其安装位置（Location），设置重量（Mass）与尺寸比例（Scale）。此外为了显示工具必须勾选 "Visible"，移动 "Wire Frame"

右侧的滚动条可调节手爪的透明度等。调整完成后勾选"Lock All Location Values"以锁定手爪尺寸与位置，如图 6-20 所示。

图 6-19 从数据库中选择开启状态的手爪

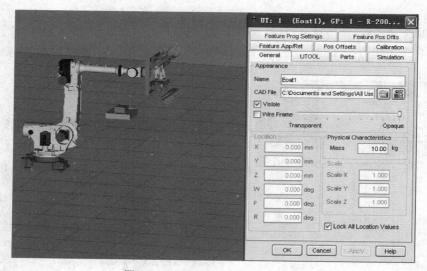

图 6-20 "General"选项参数设置

（2）"UTOOL"标签项设置

单击"UTOOL"标签，即可转到工具坐标系编辑画面，如图 6-21 所示，勾选"Edit UTOOL"选项以调整 TCP 位置。调整 TCP 位置有两种方式：直接在编辑框内输入 TCP 坐标值；或者拖动 TCP 圆球到合适位置，单击"Use Current Triad Location"，将当前坐标作为 TCP 的坐标。

（3）"Simulation"标签项设置

单击"Simulation"标签转到仿真设置界面（图 6-22），单击 从数据库中添加另一种状态的手爪：pp_Default_Bag_Gripper_Closed，如图 6-23 所示。单击"Open""Close"可实现手爪的松开与夹紧，如图 6-24 所示。

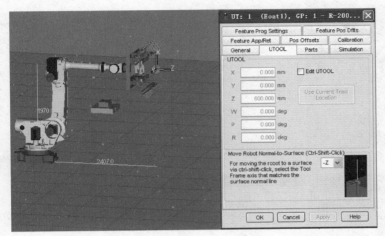

图 6-21　工具坐标系编辑画面

图 6-22　仿真设置界面

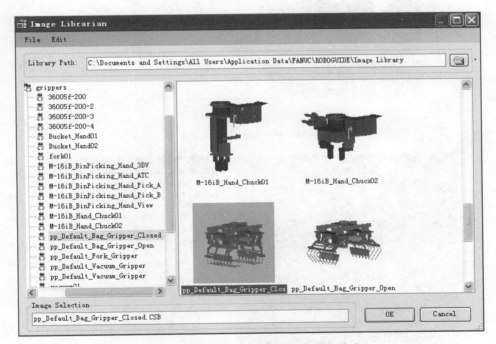

图 6-23　从数据库中选择闭合状态的手爪

（4）"Parts"标签项

单击"Parts"标签项，添加工件，出现工件偏置编辑画面，如图 6-25 所示。勾选"Part1"前的标签，单击"Apply"，然后勾选"Edit Part Offset"，编辑 Part1 的位置。有两种方法编辑工件位置：直接输入坐标值或将 Part1 拖到合适位置。此外，勾选"Visible at Teach Time"控制工件示教时显示，勾选"Visible at Run Time"控制工件运行时显示。完成上述设置后按"Apply"功能生效。

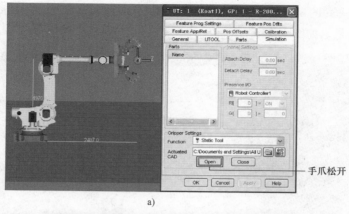

图 6-24　手爪的松开与夹紧控制

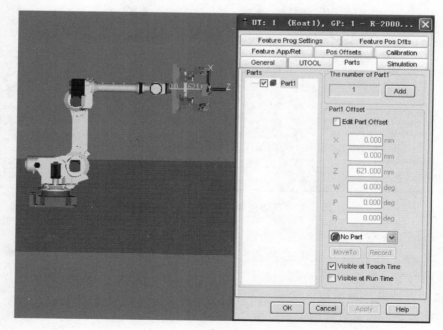

图 6-25　工件偏置编辑画面

3. 添加"固定装置"

在单元浏览器里找到"Fixture"，右键单击后按"Add Fixture"，在弹出菜单中选择"CAD Library"方式添加模型，如图 6-26 所示。

出现"Image Librarian"后选择传送装置（conveyer）中的"Conveyer05"，如图 6-27所示。

（1）"General"标签项设置

修改"Fixture1"标签项"General"的属性值：名称（Name）、颜色（Color）、是否显示（Visible）、坐标（Location）、尺寸（Scale），并勾选"Lock All Location Values"（锁定坐标值）与"Show robot collisions"（碰撞检测），参数调整完成后，单击"Apply"，如图 6-28 所示。

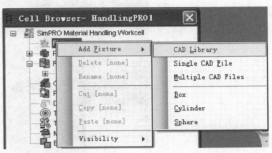

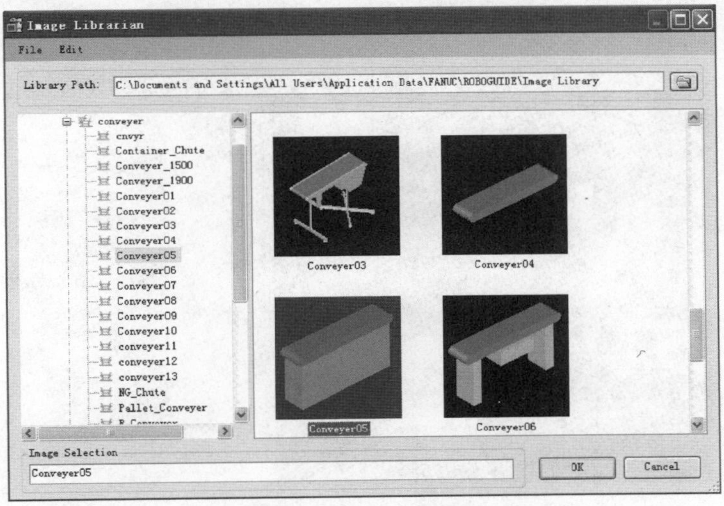

图 6-26　选择"CAD Library"方式
添加"Fixture"模型

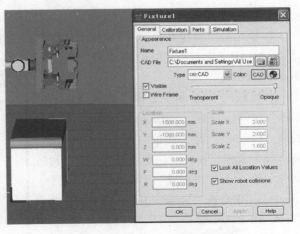

图 6-27　选择传送装置

（2）"Parts"标签项设置

将图 6-28 中的选项卡由"General"切换至"Parts"，使"part1"与"Fixture1"关联，接着勾选"Edit Part Offset"，编辑"part1"的相对位置，完成后单击"Apply"，如图 6-29 所示。

（3）"Simulation"标签项设置

将选项卡切换至"Simulation"，打开仿真设定画面。勾选"Allow part to be picked"与"Allow part to be placed"，允许进行工件的取放操作，如图 6-30所示。

图 6-28　"Fixture1"的参数调整

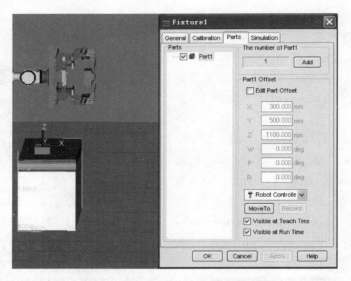

图 6-29 "Fixture1" 的 "Parts" 标签项编辑

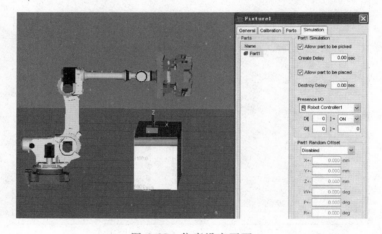

图 6-30 仿真设定画面

4. 添加底座

在单元浏览器里找到"obstacles"，右键单击后按"Add Obstacle"，在弹出菜单中选择以"CAD Library"方式添加模型，如图 6-31 所示。

在出现的 CAD 库中选择"robot_bases"以添加机器人底座，如图 6-32 所示。修改底座"General"标签画面（图 6-33）上的编辑项：名称（Name）、颜色（Color）、可见性（Visible）、位置（Location）、尺寸（Scale），并勾选"Show robot collisions"与"Lock All Location Values"项后单击"Apply"确认，结果如图 6-34 所示。

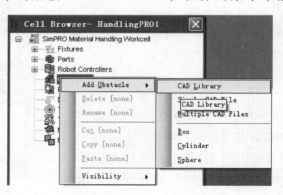

图 6-31 选择"CAD Library"方式添加模型

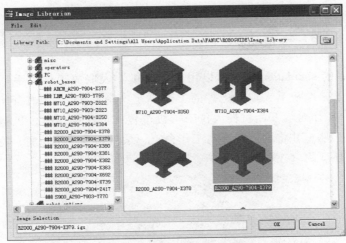

图 6-32 添加机器人底座

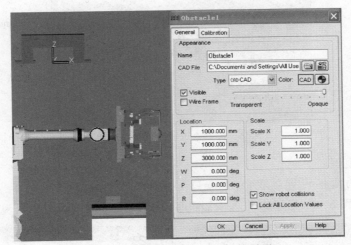

图 6-33 底座"General"标签画面

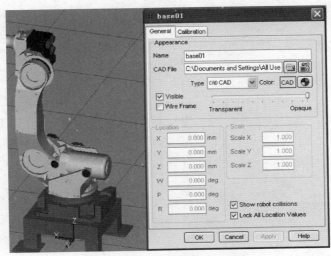

图 6-34 添加底座后的机器人

第二节 机器人虚拟示教编程

ROBOGUIDE 里的 simulation 程序可以用来控制机器人取放工件时手爪的开合效果。按前节所述方法创建了一个机器人取放工件的工作单元（图6-35），其中 Fixture1 为上料工作台，Fixture2 为下料工作台。开始机器人位于待机位置，再现操作时，机器人要能够准确抓取上料工作台上的工件，并将之放到下料工作台上，最后回到待机位置。在整个运行过程中机器人不能与周围环境物（工作台、机柜、防护等）发生碰撞。

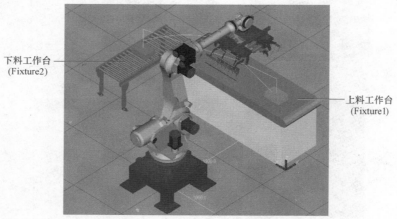

图 6-35 机器人取放工件的工作单元

一、工作台属性设置

上料工作台的属性设置：双击 Fixture1（上料工作台）打开工作台属性页，切换至"Parts"标签，如图6-36a所示。勾选"Visible at Teach Time"（示教时可见）与"Visible at

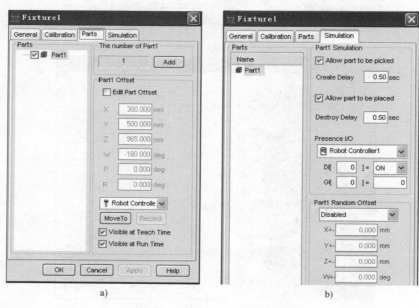

图 6-36 上料工作台的属性设置

Run Time"（运行时可见），单击"Apply"生效。切换至"Simulation"标签，如图 6-36b 所示，分别勾选"Allow part to be picked"与"Allow part to be placed"，并设置"Create Delay"（工件被抓取后到另一工件生成的延时）、"Destroy Delay"（工件放置后消失的延时）。

下料工作台属性页"Parts"标签项中仅需勾选"Visible at Teach Time"，其余设置与上料工作台类似，如图 6-37 所示。

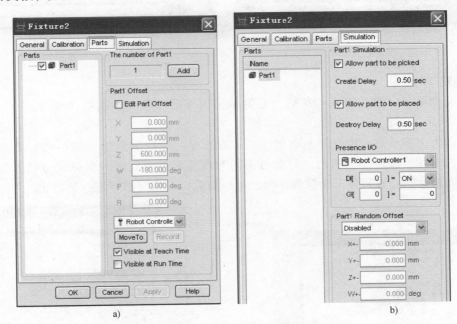

a)   b)

图 6-37 下料工作台的属性设置

二、程序编写

机器人程序分为"仿真程序"（Simulation Program）与"示教程序"（TP Program）。其中"抓取"与"放置"工件的程序为"仿真程序"，命名为"Pick"与"Place"。实现机器人手爪移位并调用抓取与放置仿真的程序为示教程序，命名为"Prog1"。

1. 创建抓取与放置程序

在单元浏览器中找到程序菜单后，右键单击出现下拉菜单，选取"Add Simulation Program"，如图 6-38 所示。

以"抓取程序"为例，在仿真程序编辑器中单击"Inst"插入程序，在"Pickup"中选择从上料工作台 Fixture1 中抓取工件 Part1，如图 6-39所示。

同样方法创建"放置"程序，单击"Inst"右侧箭头，在弹出菜单项中选取"Drop"指令，

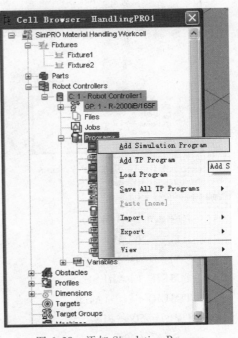

图 6-38 添加 Simulation Program

然后编辑"Drop"指令，选择放置 Part1 到下料工作台 Fixture2，如图 6-40 所示。

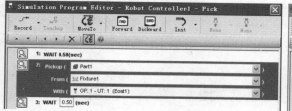

图 6-39　抓取程序编辑画面

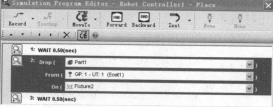

图 6-40　放置程序编辑画面

2. 创建 TP 程序

在单元浏览器中找到程序菜单后，右键单击出现下拉菜单，选取"Add TP Program"，如图 6-41 所示。

在机器人虚拟示教盒中打开上面创建的示教程序。虚拟示教盒（图 6-42）上按键的分布和操作与实际示教盒完全相同，因此可采用与在线示教相同的方法完成机器人的虚拟示教。编程时需注意：在程序开始位置需对坐标、负载以及定时器等进行初始化。

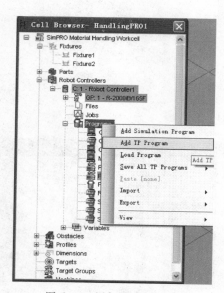

图 6-41　添加 TP Program

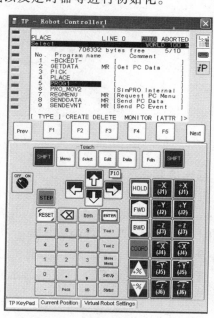

图 6-42　机器人虚拟示教盒

例程如下：

1： UFRAME_NUM = 0

2： UTOOL_NUM = 1

3： PAYLOAD[1]

4： TIMER[1] = RESET

5： TIMER[1] = START

6： J P[1] 50% FINE

7： L P[2] 500mm/sec FINE

8： L P［3］250mm/sec FINE

9： CALL PICK

10： L P［2］500mm/sec CNT50

11： J P［4］50% CNT20

12： L P［5］250mm/sec FINE

13： CALL PLACE

14： L P［4］500mm/sec CNT50

15： J P［1］50% FINE

16： TIMER［1］=STOP

3. 机器人快速移动控制

为了使用机器人手爪属性"Parts"标签页的快速移动功能（Move To），需将工件在上下料工作台以及手爪上的坐标方向设为一致，如图6-43所示。

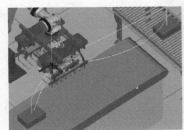

图6-43 工件在手爪上以及上下料工作台上坐标方向的一致性

双击机器人手爪，出现如图6-44所示工具属性画面，切换至"Parts"标签，然后选择目标工作台（例如：Fixture1），单击"Move To"，机器人将快速移动到所选工作台上工件处。如果手爪不能快速移动或出现"position can not reached"报警，可能是由于工作台上工件坐标方向与手爪上的坐标方向不一致所致。

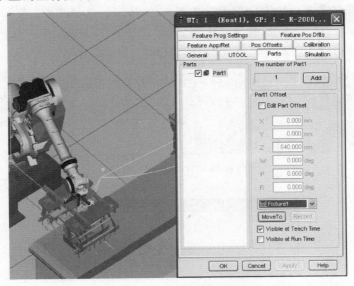

图6-44 机器人快速移动控制

4. 查看程序示教点与相关参数

为了查看程序示教点与相关参数，可以单击菜单"View"，出现子菜单"Program Details"后选择 All，如图 6-45 所示。

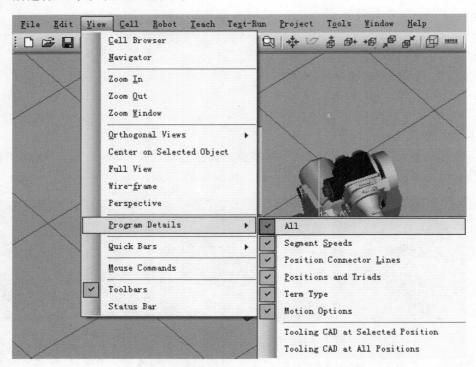

图 6-45　查看程序细节

三、程序运行

1. 指定运行程序

仿真程序运行前需进行初始化设置，如图 6-46 所示，选择菜单"Test-Run"然后单击"Run Configuration"项，弹出图 6-47 所示的"Run Configuration"配置画面。选择"Selected"模式并指定运行的程序名"PROG1"。

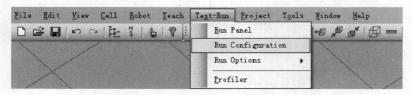

图 6-46　"Test-Run"菜单

图 6-47　"Run Configuration"配置画面

2. 运行选项设置

选择菜单"Test-Run"然后单击"Run Options"项，出现与运行相关的选项（图 6-48），勾选碰撞检测（Collision Detect）、仿形数据（Collect Profiler Data）、TCP 轨迹（Collect TCP Trace）、更新显示（Refresh Display）、压缩 AVI（Compress AVI）等选项。

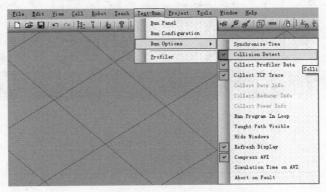

图 6-48 运行选项（Run Options）设置

运行选项设置完成后打开"Run Panel"，可执行录像、运行、暂停、中止与复位等操作，如图 6-49 所示。

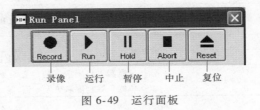

图 6-49 运行面板

习　题

1. 简述 ROBOGUIDE 仿真软件的基本功能。
2. 简述虚拟机器人工作单元的建立的一般步骤。
3. 举例说明添加虚拟工件、手爪与环境物的一般方法。
4. 简述虚拟示教程序的种类与编程方法。
5. 简述机器人快速移动的控制方法。

附录

FANUC工业机器人
应用指令一览表

动作指令

动作类型	J	使机器人每个关节执行插补动作
	L	按直线移动机器人的 TCP 点
	C	按圆弧轨迹移动机器人的 TCP 点
位置变量	P[i:注释]	存储位置数据的标准变量
	PR[i:注释]	存储位置数据的寄存器变量
速度单位	%	指定相对于机器人最高关节速度的百分比
	mm/s,cm/min,in/min deg/s	指定基于直线或圆弧的 TCP 点的动作速度
	s,ms	指定动作所需时间
定位类型	FINE	机器人在指定位置暂停（定位），执行下一个动作
	CNTn(n=0~100)	机器人将所指定的位置与下一个位置平顺地连接起来，动作的平顺程度取决于 n 值，越大越平顺

动作附加指令

机械手腕轴关节动作	Wjnt	直线或圆弧动作时，机械手腕轴在关节动作下运动而不保持姿势
加减速倍率	ACC a(a=0~500%)	设定移动时的加减速倍率
跳过	Skip,LBL[ ]	跳过条件语句中所示的条件尚未满足时，向指定的标签转移；条件得到满足时，取消当前动作而执行下一行语句
位置补偿	Offset	向位置变量再加上位置补偿条件语句中指定值的位置移动
	Offset,PR[(GPk:)]n	向位置变量再加上位置寄存器值的位置移动
工具补偿	Tool_offset	向位置变量再加上工具补偿条件语句中指定值的位置移动
	Tool_offset,PR[(GPk:)]n	向位置变量再加上位置寄存器值的位置移动
增量	INC	向当前位置中加上位置变量值的位置移动
软浮动	SOFT FLOAT[i]	该指令使得软浮动功能有效
非同步附加轴速度	Ind. EV(i)%,i=1%~100%	使附加轴与机器人非同步地动作
同步附加轴速度	EV(i)%,i=1%~100%	使附加轴与机器人同步地动作
路径	PTH	在距离短的平顺动作连续时缩短周期时间
连续旋转	CTV i,i=-100%~100%	开始连续旋转动作
先执行指令	TIME BEFORE t CALL prog TIME AFTER t CALL prog	在动作结束的指定时间前或指定时间后，调用并执行子程序。t 为执行开始时间，prog 为子程序名

寄存器指令与 I/O 指令

寄存器	R[i],$i=1\sim32$	i:寄存器号
位置寄存器	PR[(GPk:)i] PR[(GPk:)i,j]	仅取出位置数据的某一要素。 k:组编号,$k=1\sim3$; i:位置寄存器编号,$i=1\sim10$; j: 位置寄存器要素编号,$j=1\sim9$
位置数据	P[i:注释] Lpos Jpos UFRAME[i] UTOOL[i]	i:位置编号,$i=1\sim$存储器的允许范围 当前位置的笛卡儿坐标值 当前位置的关节坐标值 用户坐标系 工具坐标系
输入/输出信号	DI[i],DO[i] RI[i],RO[i] GI[i],GO[i] AI[i],AO[i]	(系统)数字信号 机器人(数字)信号 组信号 模拟信号

条件转移指令

条件比较	IF(条件)(转移)	设定比较条件与转移目标
条件选择	SELECT R[i]=(值)(转移)	设定选择条件的转移目标

待命指令

待命	WAIT <条件> WAIT <时间>	等待到条件成立或经过所指定的时间

无条件转移指令

标签	LBL[i:注释]	指定转移目的地
	JMP LBL[i]	转移到所指定的标签
程序调用	CALL(程序名)	转移到所指定的程序
程序结束	END	结束程序的执行,返回到被调用的程序

程序控制指令

暂停	PAUSE	使程序暂停
强制结束	ABORT	强制结束程序

其他指令

RSR	RSR[i]	定义 RSR 信号的有效/无效,$i=1\sim4$
用户报警	UALM[i]	将用户报警显示于报警行
计时器	TIMER[i]	设定定时器
倍率	OVERRIDE	设定倍率
注释	!（注释）	在程序中添加注释
信息	MESSAGE[消息]	将用户消息显示于用户画面
参数	$（系统变量）	更改系统变量值
最大速度	JOINT_MAX_SPEED[] LINEAR_MAX_SPEED	设定程序中动作语句的最高速度

跳过与位置补偿指令

跳过条件	SKIP CONDITION（条件）	确定在动作语句中使用的跳过执行条件
位置补偿条件	OFFSET CONDITION（位置补偿量）	确定在动作语句中使用的位置补偿执行条件
工具补偿条件	TOOL _ OFFSET CONDITION（位置补偿量）	确定在动作语句中使用的工具补偿执行条件

坐标系设定指令

用户坐标系设定	UFRAME[i]	用户坐标系，$i=1\sim9$
用户坐标系选择	UFRAME_NUM	当前用户坐标系编号
工具坐标系设定	UTOOL[i]	工具坐标系，$i=1\sim9$
工具坐标系选择	UTOOL_NUM	当前工具坐标系编号

宏指令

宏指令	（宏指令）	执行在宏设定中所定义的程序

多轴控制指令

程序执行	RUN	开始执行其他运动组程序

位置寄存器先执行指令

位置寄存器锁定	LOCK PREG	用来锁定位置寄存器
位置寄存器锁定解除	UNLOCK PREG	解除位置寄存器的锁定

软浮动指令

软浮动开始	SOFT FLOAT[i]	该指令使得软浮动功能有效
软浮动结束	SOFTFLOAT END	该指令使得软浮动功能无效
跟踪	FOLLOW UP	软浮动有效时,执行将机器人当前位置视为示教位置的处理

状态监视指令

状态监视开始指令	MONITOR<条件程序名>	在条件程序中记述的条件下,开始监视
状态监视结束指令	MONITOR END<条件程序名>	在条件程序中记述的条件下,结束监视

动作组指令

非同步动作组	Independent GP	使各动作组非同步地动作
同步动作组	Simultaneous GP	按移动时间最长的动作组同步地使各动作组动作

码垛指令

码垛指令	PALLETIZING-B_i	计算码垛。i:码垛编号
码垛结束指令	PALLETIZING-END_i	增减码垛寄存器的值。$i=1\sim16$
码垛动作指令	L PAL_i[A-j] 300mm/s FINE	执行码垛的位置。i:码垛编号,j:接近点的编号 $i=1\sim8$

参 考 文 献

［1］ FANUC Robot Series R-30iA 控制装置操作说明书 . 上海发那科机器人有限公司，2011.
［2］ FANUC Robot Series R-30iA 控制装置维修说明书 . 上海发那科机器人有限公司，2008.
［3］ FANUC Robot ARC Mate 100iC 等机构部操作说明书 . 上海发那科机器人有限公司，2011.
［4］ ROBOGUIDE 使用手册（HandlingPRO）. 上海发那科机器人有限公司广州分公司，2011.
［5］ FANUC ROBOGUIDE OPERATOR'S MANUAL（B-80687EN）. FANUC, 2013.
［6］ FANUC ROBOT IRvision 2D Vision Application OPERATION'S MANUAL. FANUC, 2013.
［7］ 张爱红 . 工业机器人应用与编程技术［M］. 北京：电子工业出版社，2015.
［8］ 张爱红，张秋菊 . 机器人示教编程方法［J］. 组合机床与自动化加工技术，2003（04）：47-49.
［9］ 张爱红，张秋菊 . 机器人虚拟示教的实现方法［J］. 机床与液压，2003（04）：149-151.
［10］ 张爱红 . 机器人虚拟示教及远程控制研究［D］. 无锡：江南大学，2003.
［11］ 吴振彪，王正家 . 工业机器人［M］. 武汉：华中科技大学出版社，2006.
［12］ 韩建海 . 工业机器人［M］. 武汉：华中科技大学出版社，2009.